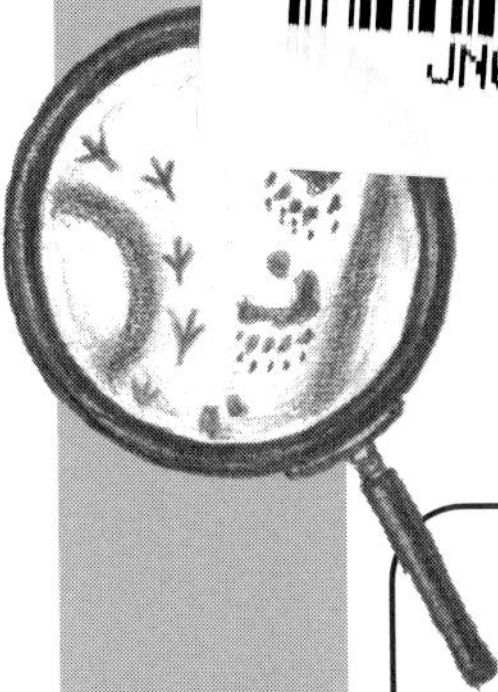

〈正義〉の生物学

トキやパンダを絶滅から守るべきか

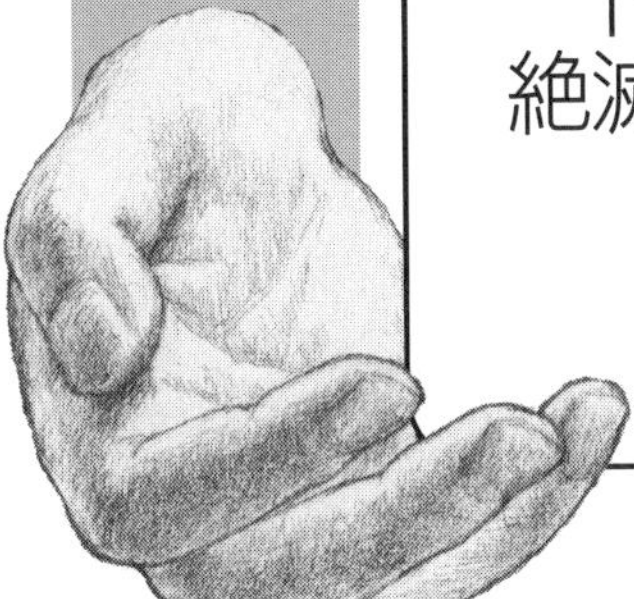

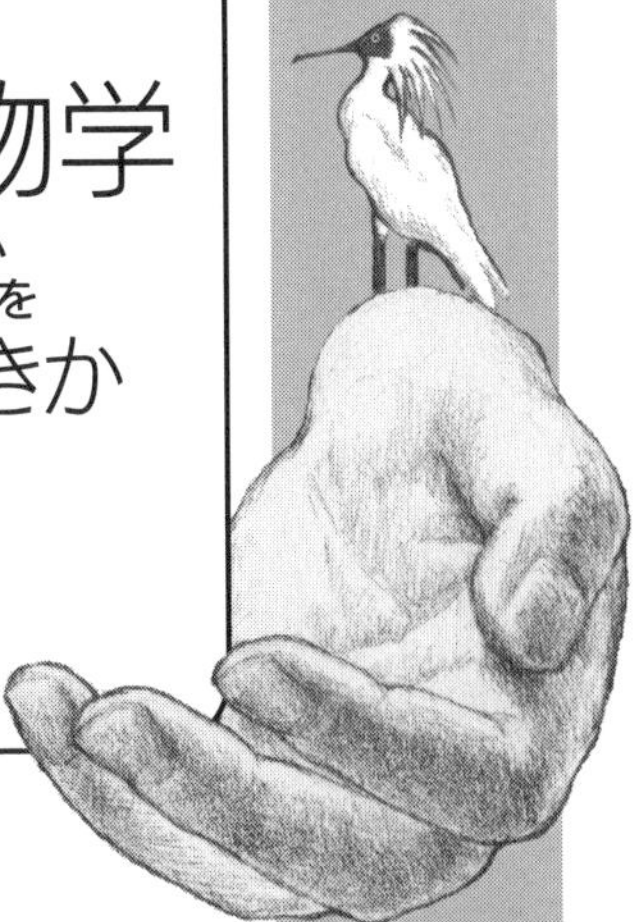

山田俊弘
YAMADA TOSHIHIRO

講談社

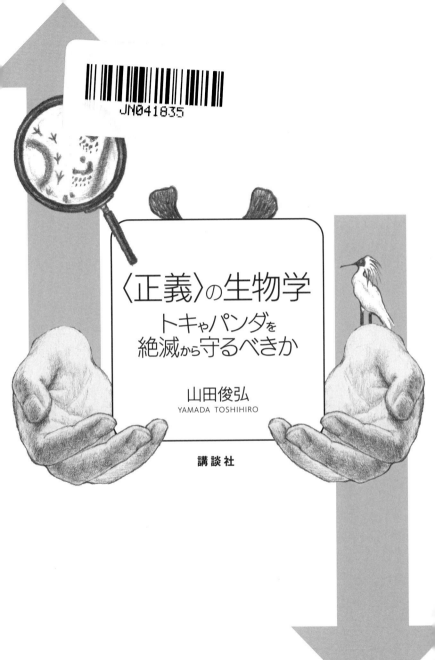

装丁：桐畑恭子
カバー・扉イラスト：渡邉　光
本文イラスト：カモシタハヤト

はじめに

本書は、現在進行中の生き物の大量絶滅を問題にしています。まずは、この先頻繁に登場し、絶滅現象の象徴にもなっているふたつの生き物を紹介しましょう。トキとパンダ（ジャイアントパンダ）です。

トキ

秋の田の稲負鳥のこがれ羽も木の葉催す露やそむらぬ

これは、鎌倉時代の藤原家隆の歌集『壬二集《みにしゅう》』に収められた歌です。そして、この中の〝稲負鳥〟はトキを指していると言われています。奈良時代に書かれた『日本書紀』にもトキは登場するようです。ということは、トキは少なくとも奈良時代、きっとそれよりもずっと以前から日本人の近くにいて、日本独自の文化や情緒に影響を与えてきたということです。

古より日本人の身近にいたトキですが、二〇世紀に入るころには、乱獲などによりその姿を見ることはほとんどできなくなっていました。その後、さまざまな保護の努力がなされましたが、そのかいむなしく、二〇〇三年に国内産の最後のトキが死亡しました。その瞬間、日本ではトキが絶滅しました。

トキはかつて、中国やロシア、日本、朝鮮半島、台湾に生息していましたが、現在も野生のトキを見ることができるのは中国だけです（新潟県の佐渡島では二〇〇八年からトキの再移入をおこなっているので、日本でも放鳥されたトキを見ることはできます）。その中国での個体数も一〇〇〇羽程度しかありません。ＩＵＣＮ（国際自然保護連合、第1章でくわしく紹介します）により、トキは〝絶滅危惧種（threatened species：絶滅の危機に瀕している種）〟と評価されています。

パンダ

中国の山地にのみ、ぽつぽつと生息しているパンダは、ヒトに生息地を奪われたり、密猟されたりしたことで急速に個体数を減らしました。一九七〇年代にはパンダの全個体数は二五〇〇頭くらいと見積もられていましたが、二〇〇三年には約一六〇〇頭にまで減っていました。この状況からＩＵＣＮにより、パンダは絶滅の危機に瀕していると評価されました。

その後、密猟の厳罰化と監視の強化、そして保護区の積極的な設置により個体数は回復し、二〇一四年までに一八五〇頭まで増えたようです。このためＩＵＣＮは二〇一六年、パンダの絶滅の危機は少し遠のいたと評価しましたが、絶滅の危機を完全に脱したとまではみなしていません（絶滅危惧種は絶滅リスクの高さによって複数のカテゴリーに分けられています。第1章でくわしく紹介します）。つまり、パンダは現在も絶滅危惧種と位置づけられているのです。

一〇〇万種の絶滅危惧種

トキやパンダと同じような絶滅危惧種は、地球上にいったいどれくらい存在するのでしょうか？

この問いに答えるヒントは、ＩＵＣＮのデータに求められます。ＩＵＣＮは個々の種がどの程度絶滅に近づいているかを調べ、それをレッドリストにまとめています。ＩＵＣＮは現在まで約一〇万種を評価してきました。そして、そのうち約二万五〇〇〇種が絶滅危惧種であることを明らかにしました。トキもパンダもこの二万五〇〇〇種うちのひとつなのです。

一〇万種といえばとてつもない数です。ＩＵＣＮの成果には感服しますが、地球上にいるはずのすべての種の数と比べれば、それでもなおほんの一部です。というのも、地球上には八一〇万種の動植物がいると推定されているからです。それでは、もし評価対象が地球上の全動植物にまでひろげられたら、いったい何種が絶滅危惧種と評価されるでしょうか？

この問いに果敢に挑戦した組織があります。生物多様性及び生態系サービスに関する政府間科学政策プラットホーム（ＩＰＢＥＳ）です。ＩＰＢＥＳは、科学と各国の政策とのつながりを強化することを目的に、国連環境計画の提案により設置された政府間組織です。ＩＰＢＥＳはＩＵＣＮのレッドリストにもとづき絶滅危惧種の数の推定を進めました。

二〇一九年五月六日、日本では年号が平成から令和に変わる特別なゴールデンウィーク最後の日に、ＩＰＢＥＳが報告書を発表しました。そこには、次のようなことが書かれていました。

現在、一〇〇万種以上の動植物が絶滅の危機に瀕している。

この報告書について、日本国内ではあまり大きく報道されなかったかもしれません。しかし、国際社会へのインパクトは大きく、メディアがこぞって報道しただけでなく、有名な科学雑誌『Nature』がこの報告書に関する速報を掲載するほどでした。
地球上にかつて生息していた恐竜が、いまからおよそ六五〇〇万年前に起こった大量絶滅により消失したことを、多くの読者がご存じでしょう。生物学者はさまざまな証拠から、現在進行中の絶滅の規模は、六五〇〇万年前の大量絶滅に比べても数百倍から数千倍、もしかすると数万倍大きいだろうと議論しています。まさに未曽有の大量絶滅が起きているのです。

本書の狙い

現在進行中の大量絶滅は、〝生物多様性の喪失問題〟と呼ばれ、主要な環境問題のひとつに数えられています。生物多様性の喪失の深刻さを地球の人々に知ってもらうため、国連や生物学者、ＮＧＯが繰り返しメッセージを送っています。しかし私には、その声が十分に届いているようには見えません。絶滅の状況が年々ひどくなっていくからです。

こんな時代だからこそ、生物を保全する理由をみなさんと一緒に考える必要を強く感じました。これが、本書をしたためた理由です。

本書では、次の二つの大きな疑問を投げかけます。

①生き物の保全はおこなうべきことなのだろうか?
②もしおこなうべきだとするならば、その理由はどこにあるのだろうか?

これらの疑問に答えながら、生物の保全について考えを深めていきます。


人類は、一度絶滅した種を取り戻す方法を持ち合わせていません。つまり、生物の種が絶滅してしまったあとでその種(や生物多様性)の大切さに気づき、行動を起こしたのでは遅すぎるのです。一方、絶滅に瀕した種を保全し、危機的な状況から救うことならば人類にもできます。

IPBESは、一〇〇万種以上の動植物が絶滅に瀕している現状を露わにしましたが、一〇〇万種以上の種がすでに絶滅したとまでは言ってはいません。もちろん、ニホンオオカミやニホンカワウソなどのいくつかの種がすでに絶滅してしまいました。しかし、いまのところ実際に絶滅してしまった種はまだ少数派です。いまならばまだ、一〇〇万以上の種を救うチャンスが人類に残されています。手遅れになる前のぎりぎりのタイミングで、生き物の保全について一緒に考えてみましょう。

目次

第2章 ヒトがもたらした絶滅の歴史

第4章 トキやパンダは役に立つ？——脆弱な〈役に立つから守る論〉……153

第5章 〈正義〉の生物学——保全は人の使命か？

5-1 人間非中心主義

5-2 そもそも種は存在するのか？

5-3

序章

生物の保全は必要か？

〈**トキ・パンダ問題**〉
このページを開いたのも何かの縁です。ぜひ、次の問題を考えてみてください。

❗〈トキ・パンダ問題〉

トキ、パンダ、ライオン、……多くの生き物が絶滅しかけています。私たちは彼らを絶滅から守るべきでしょうか？　それとも特別なことをする必要はない（絶滅は、しかたがない）のでしょうか？　どちらかを、理由とともに選んでください。

この問題はつまり、「生物の保全は必要か？」「もし必要ならば、その根拠を何に求めるのか？」を問うています。あなたはどのように考えましたか？　できれば、たどりついた答えをどこかに書き残し、あとで見返せるようにしておいてください。本書ではつねに、この〈トキ・パンダ問題〉を念頭に考察を進めます。
第1章でくわしく紹介しますが、現在は、多細胞生物（体が複数の細胞からできている生物のこと）の最近五億四〇〇〇万年の歴史の中で六度目に当たる大量絶滅期です。しかも、今回の大量絶滅は、その規模において過去に起きた五回のいずれをもしのぐ、もっとも深刻なものです。あまつさえ、今回の大量絶滅の原因は人類にあります。

人類が生活を豊かにするためにおこなってきた土地の開発により生息地が奪われたり、人類が排出した化学物質により大気や水が汚染されたりした結果、多くの生き物が絶滅に追いやられています。私たちには、こうした状況に対してなんらかの手を打つ道義的な責任があるかもしれません。

しかし、状況を改善するためには小さな変化では不十分で、大改革が必要です。つまり、いままでのようなほかの生物をないがしろにした生活ではなく、生物の保全を中心に据えた生活に切り替えなければなりません。その切り替えには、大変な努力を要するでしょう。そして、生物多様性の保全を中心に据えた生活へ切り替えるためのもっとも強力な推進力となるものは、生物保全の理由を明確にし、なぜそれが重要なのかを一人ひとりが理解することでしょう。

保全生物学の大前提

さて、冒頭に示した〈トキ・パンダ問題〉は本書全体を通してじっくりと考えていくことにして、少し遠回りになりますが、私がなぜこの問題を考えはじめたのか説明させてください。

私は広島大学で〝保全生物学〟という講義を担当しています。なかなか人気のある講義で、内容も洗練されていると思っています。……が、私自身の講義の内容はひとまずおいておき、保全生物学がどのような学問か紹介しましょう。

保全生物学は生物学の一分野で、広島大学にかぎらず生物学を学べる大学の多くで開講されています。この科目では、生物を保全するために必要となる知識を学びます。履修内容は広範におよび、〝競争排除の原理〟などの基礎生物学の内容から、「生物を保全する場合、大きなひとつの保護区を設定すべきか、それとも、合計すると大きな保護区と同じ面積になる、いくつかの小さな保護区に分散して設定すべきか」といった応用生物学の内容までふくみます。

これだけの内容を、一講義（広島大学では一コマ九〇分の講義を一五コマ分）に詰め込まないといけないので、教えるほうも教わるほうも必死です。私はというと、講義を終えると毎回、産卵を終えたサケのごとく、ぐったりしてしまいます。

さて、この講義を進めるとき、いつも悩むことがあります。保全生物学は、「生物を保全する必要があることは疑う余地のない大前提であり、そのために生物学の知見をどう活用すべきか？」という視点で進められます。受講生のほとんども生物学に興味があり、かつ、生物を保全することは当たり前だと考えているので、生物を保全せねばならないという大前提に疑問を抱くことはほぼありません。そのじつ、改めて「生物を保全する理由は何でしょうか？」と尋ねてみると、答えに詰まってしまう学生が多いのです（きっと、こうした反応を示すのは学生にかぎったことではないでしょうが）。私はまさにこの部分で悩んでいます。

すでに保全生物学の優れた教科書が何冊も出版されていて、私が講義の準備をするときもそれらを頼りにしています。しかし、どの教科書を読んでみても、生物を保全する〝理由〟をくわしく説いたものはほとんどありません。中には、『生物を保全することはすばらしい』という前提で、話を進めます。理由は聞かないでね」と言い切っている教科書さえあるほどです。

でも、生物を保全することは本当にすばらしいことなのでしょうか？　もしそうならば、なぜ人類は生物を絶滅に追いやっているのでしょうか？　そして、なぜ人類はそうした行動を止められないのでしょうか？

生物学の知識を生物の保全に活用しようとする保全生物学の考えは、疑いようがないほどすばらしいですし、人類はそれを必要としています。私はそれを否定するつもりはありません。

しかし、保全生物学を学ぶ以前に、私たちがもつべき〝センス〟があるとも思っています。それは、「そもそも、生物を保全することが本当に必要なのか？　必要だとすると、その理由はどこにあるのか？」という疑問に答える力であり、保全生物学の前提にあたるものです。

この疑問に答えられるようになることは、保全生物学を学ぶ動機づけにもなります。動機づけさえしっかりできれば、誰しも自律的、自発的に勉強を進められるはずですから、講義をおこなうに当たって、学生にこのセンスをもってもらうことはなによりも大切なことでもあります。

時間がいつも不足している保全生物学の講義ですが、私はあえて、初回の講義で先の〈トキ・パンダ問題〉を学生たちにぶつけています。学生たちは戸惑いながらも、真摯にこの問題に向き合ってくれます。そして、それまで深く考えたことがなかった「生物を保全する理由」を探してくれます。次項以降で、学生たちの解答例を紹介しましょう。

表面的な理由①――生態系バランス

学生たちは、いろいろな考えを示してくれます。トキやパンダを保全すべき価値がある存在だと考える学生は、それを理由に保全を訴えます。たとえば、

❶〈トキ・パンダ問題〉への解答例A

「守るべきだと思う。理由は次のとおりです。

すべての生き物は単独で生きているわけではなく、異なる種の生き物と『食う者－食われる者』の関係を築きながら生きています。そして、それにより生き物全体の数のバランスが保たれています。もし一部の種がこの世からいなくなれば、生き物たちのあいだの数のバランスが崩れてしまうはずで、そうならないためにあらゆる生き物を絶滅から守らないといけません」


と答えてくれる学生がいます。なるほど、保全生物学を履修している学生だけあって、生物学の知識にもとづく、なかなかいい答えです。

でもこういった解答を聞くと、意地悪な私は、「バランスが崩れると、何かまずいことがあるの？」と、さらに質問をぶつけます。すると、学生は「この先生、そんなこともわからない

の⁉」とうろたえた顔をしながらも、

❗〈トキ・パンダ問題〉への解答例Aへの補足例a

「ある生き物が絶滅すると、その影響がほかの多くの生き物に波及するかもしれません。ひょっとすると、とても厄介な状況にもなりかねません。たとえば、バランスが崩れた末に、ほかの多くの生き物たちも絶滅してしまう可能性があります。つまり、ほかの多くの種が連鎖的に失われることになるかもしれません」


と答えてくれることがあります。

ある一種の絶滅を皮切りに、ほかの種が絶滅し、それがドミノ倒しのように連鎖し、結局は多くの種が絶滅してしまう。この現象は、生物学で〝絶滅のカスケード〟と呼ばれています。カスケードとは、豪華なビルやホテルに観賞用に設置されている、何段にも重なった人工の滝を指します。ある種が絶滅すると、それに引きつづいてべつの種も絶滅し、生物多様性の高い状態から低い状態へ徐々に落ちていく様《さま》をカスケードにたとえた表現です。絶滅のカスケードは実際に多くの生態系で観察されています。

さて、先ほど示した**解答例A（および補足例a）**はなかなかよく考えられているように聞こえますが、少し考えてみると違和感が残るものでもあります。つまり、「どうして生物を保全しないといけないのか?」という質問に、「より多くの生物を保全しないといけないから」と答えているだけで、「なぜより多くの生物を保全しないといけないか?」には、まったく答えていないからです。結論の「(多くの)生物を保全しないといけない」という主張の正当性をあらかじめ認めていれば成り立つ答えですが、いま問題としているのはまさに、「なぜ(多くの)生物を保全しないといけないのか?」という点なので、答えをはぐらかしているにすぎません。

こうした論の立て方は〝論点先取〟と呼ばれていて、論理的誤謬《びゅう》のひとつとして知られています。この論理展開では、「なぜ多くの生物を保全しないといけないの?」と改めて尋ねられると、答えに詰まってしまうことでしょう。

「バランスが崩れると、何かまずいの?」という意地悪な質問に対して、べつの答え方をしてくれる学生もいます。たとえば、

❗〈トキ・パンダ問題〉への解答例Aへの補足例b

「自然界は、生き物やそれを取り巻く環境が、お互いに影響を与え合えあうことで、バランスのとれた系(システム。全体が複数の構成要素からなり、要素どうしが影響を与え合うことで全体の秩序が保たれているもの)を形成しています。〝生態系〟と

よばれているものです。生態系を健全な状態に保つことは、生態系内のいかなる生き物にとっても、存続を左右するほど重要です。人間だって生き物で、ほかの多くの種の生き物たちとともに生態系を構成する自然の一部にすぎません。生態系に生かされ、生態系内で生きていくしかないのです。

もし生き物たちのあいだの数のバランスが崩れれば、生態系が不安定になるかもしれません。その影響は人間の生活にも波及するはずです。つまり、生き物たちの数のバランスが崩れれば、人類が存続できなくなるかもしれないのです。こうした事態を避けるためにも、生き物を保全しなければなりません」


という論です。生物を保全することは、結局人類のためだという考えです。人類の生活が多くの生き物に支えられているのは事実です。アメリカの生物学者、エドワード・ウィルソン（第5章でくわしく紹介します）は、私たちの生活にあまり関与していないように見える昆虫（節足動物）でさえ、もしこの世からすべていなくなってしまったとしたら、人間は二、三ヵ月以内に絶滅するだろうと述べています。

生き物の数のバランスが崩れるという問題から離れますが、次に、「自分たち（ヒト：学名、ホモ・サピエンス。ラテン語で〝賢い人〟の意）のために生物を保全するのだ」という立場について少し考えてみましょう。

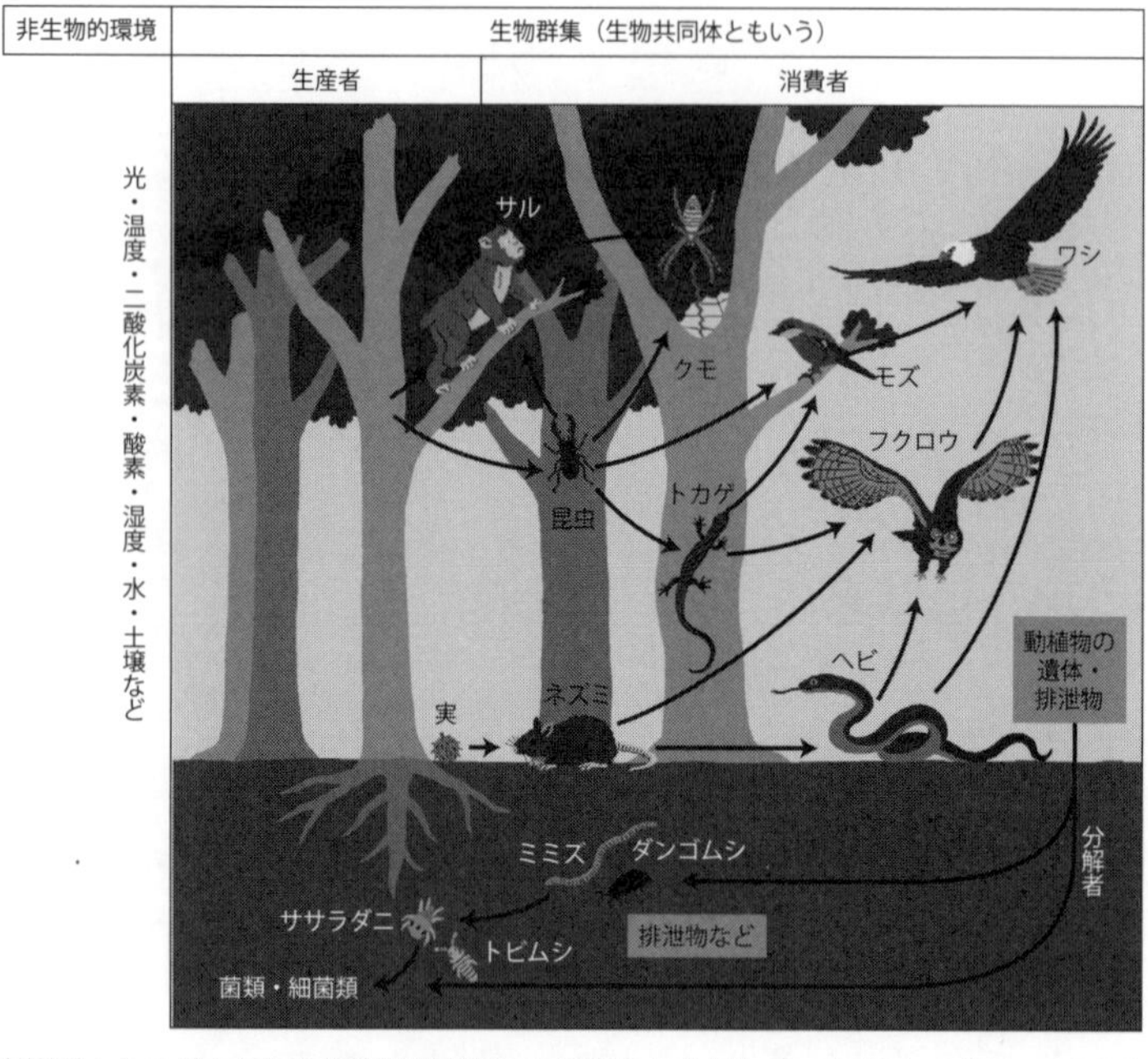

生態系：さまざまな生き物や環境が互いに影響をおよぼし合いながら、バランスのとれた系を形成している。

表面的な理由②――生き物の恵み

〈トキ・パンダ問題〉に対する学生たちの回答の中で、なんといってももっとも多いのが、

❗〈トキ・パンダ問題〉への解答例B

「守るべきだと思う。なぜならば、彼らがいないと人間の生活が不便になるからです」


というものです。

食料、薬、建材、花粉の媒介、……生き物はたしかに人間の役に立っています。そして、生き物がもつこれらの役割は、〝生き物の恵み〟と呼ばれています。

学生たちはつまり、「生き物の恵みを享受するために、生き物を保全すべき」と考えることが多いのです。私の小学生の娘に同じ質問をしたことがありますが、彼女も同じように答えました。どうやら、小学校の社会科で、そうした考え方を教わっているようです。「生き物を守る理由は、生き物の恵みを失わないため」という考えは、もはや日本人の常識になっているのかもしれません。

しかし、この考えには、とんでもない危うさが潜んでいます。この考えにしたがうと、人間の役に立たない生き物を守る理由がなくなってしまうのです。パンダは人間の役に立っているので

しょうか？　トキがいないと人類は困るのでしょうか？

もしかすると、

❗〈トキ・パンダ問題〉への解答例Bへの補足例

「パンダは役に立っていないかもしれない。でも、かわいい。だから守るべきだ」


という主張もあるかもしれません。かわいらしさを理由に守るという考えです。かわいらしさも生き物の恵みの一種とみなせるでしょう。

しかし、そう考えると、多くの人がかわいいと思わないヘビなどの動物や、われわれに病気などの災いをもたらす生き物は、存在する理由がなくなってしまいます。

やや唐突ですが、**解答例B**（**および補足例**）の危うさが浮き彫りになる思考実験をしてみましょう。つまり、ヒトがこの世に存在してよいか、ヒト以外の誰かに決められてしまうという、切ない状況を想定してみます。そして、その誰かは**解答例B**（**および補足例**）の考えにしたがって、ヒトの存在の可否を決めているとしましょう。つまり、ヒトがこの世にいてもよいかどうかの判断基準は、「ヒトの存在の可否を判断する者にとって、ヒトが役に立っている（あるいはかわいい）かどうか」になるでしょう。もし、その誰かに「ヒトは私の役に立っていない（かわいくない）。こ

の世から消えてよし」と判断されたら、あなたはどう思いますか？　きっと、

❗〈トキ・パンダ問題〉への解答例Bへの反論

「私はあなたのために生まれてきたわけではない！」


と反論することでしょう。

そうです。トキもパンダもライオンも、ほかのいかなる生き物も、そもそも私たちヒトに恵みをもたらすために生きているわけではありません。生態系のバランスを保つために存在しているわけでもありません。私たちと同じように彼らも、それぞれに自分自身の生涯をまっとうするために生きているはずです。

このように考えると、生き物の恵みを理由として生物の保全を主張することは、人間中心で、かなり乱暴であることに気がつくはずです。つまり、〈トキ・パンダ問題〉に対する回答として、**解答例B（および補足例）**はそもそも無理筋なのです。生き物の恵みは、「生き物の命を守るべき根拠は何か？」という疑問に対する、本質的な答えにはなりえないということになります。

本質的な理由はどこにある？

生き物を保全する本質的な理由が生き物の恵みでないとすると、なんなのでしょうか？　もしかすると、生き物を保全する理由を、人類は完全に失ってしまったのでしょうか？

いいえ、ちがいます。それを、ヒトという生き物が普遍的にもっている倫理（ヒトが生得的に身につけていて、ヒトを人たらしめている正義の規範）に求めることができます。つまり、「あらゆる命は尊い存在であり、生物を保全することは、人として正しいおこない（正義）である。だから、生物を保全することは、当たり前なことなのだ」と答えることです。

しかし、このように主張されたとしても、「生物を保全することは、本当に人にとって正義なのだろうか？」という疑問が残ることでしょう。また、「人間中心に考えてどこがいけないのか？」と疑問を抱いた人もいるかもしれません。本書では、これらの疑問をとくにくわしく検討していきます。

本書では最終的に、冒頭の〈トキ・パンダ問題〉に対する本質的な答え（考え方）へとみなさんを誘《いざな》いたいと思っています。そのために、生き物を保全する理由について、〝生き物の恵み〟と〝正義〟を用いて、生物学の立場から解説していきます。本書を読み終えるころには、〈トキ・パンダ問題〉に対してみなさんそれぞれが、自分なりの、しっかりとした答えを見つけられていると期待してください。

第1章

保全不要論

——絶滅は自然の摂理か?

1-1 今と昔の生物多様性

〈トキ・パンダ問題〉ふたたび

序章で紹介した問題を、もう一度思い出してみましょう。それは

❗〈トキ・パンダ問題〉
トキ、パンダ、ライオン、……多くの生き物が絶滅しかけています。私たちは彼らを絶滅から守るべきでしょうか？ それとも特別なことをする必要はない（絶滅は、しかたがない）のでしょうか？ どちらかを、理由とともに選んでください。

というものでした。
この問題を学生に投げかけると、理由はともあれ、大多数は「守るべきだ」と答えます（序章で述べたとおりです）。しかし、だいたい一割から二割の学生が、悩みながらも「特別なことをする必要はない」という答えにたどり着きます。私自身、こうした少数派の意見には興味があるので、そう考える根拠をなるべく聞くようにしています。

学生の意見を聞いてみると、生物の保全が不要だと考える根拠は、おおむね次のようなものであることがわかりました。

❗〈トキ・パンダ問題〉への解答例C

「絶滅という言葉を聞くと、センチメンタルな気持ちになって、それを避けるための行動をとるべきだと考えてしまいがちです。しかし、自然界では、生物の絶滅は特別なことではないはずです。つまり、進化を土台に考えると、生物の種は種分化（古い種から新しい種が発生すること）により自然と出現し、やがて絶滅により自然と消えるべきものです。現に生物の数十億年の歴史の中で、おびただしい数の種がすでに絶滅してきました。

つまり、生き物が絶滅することは、至極当たり前のことなのです。いま起こっている絶滅も、過去に幾度となく繰り返された絶滅のひとつにすぎず、そして自然の過程のひとつにすぎないはずです。こう考えると、人類が手を差し伸べて絶滅を回避させることのほうが、よほど不自然です」

こうした理路整然とした解答を聞くにつけ、「さすが、広島大学の学生はよくできるなぁ」と感心してしまいます。この答えは、かいつまんで言えば「絶滅は自然の一過程である。だから、ほかの生物の絶滅を回避させるような行動こそが不自然だし、やめるべきだ」という考えです。このような考えを〈絶滅は自然の摂理論〉とでも呼ぶことにしましょう。もちろん、この論は、絶滅が自然の過程だという前提の上に成り立っているので、もし絶滅が人類のせいで起こっているならば、話はべつでしょう。

さて、この学生の〈絶滅は自然の摂理論〉は正しいでしょうか？　ここからは論点を整理し、この論の前提となっている

①生物の歴史の中でおびただしい数の種が絶滅してきた
②現在起こっている絶滅は自然の一過程と位置づけられる

という二点を検討していきます。

生き物は何種いるか？

まずは、論点①の検討からです。そのため、少し回り道になりますが、現在地球上にいる（はずの）生き物の種の数を紹介します。

人類が生き物の種の数を学術的に数えはじめたのは約二五〇年前です。スウェーデンの博物学者、カール・フォン・リンネの号令により開始されました。当初は一万種足らずの動植物しか知られていませんでした。しかし、それからというもの、生物学者は新種を発見するために惜しみない努力を重ね、途方もない数の種を記録してきました。それでは、現在、どれだけの種を数え終えているのでしょうか？

参照する生き物のデータベースにより、現在までに数え上げられた種の数は大きく変動しますが、もっとも信頼のおける数は、ハワイ大学で生物地理学を教えるカミロ・モーラたちの統計でしょう。それによれば、いままでに記録された種の数は一二〇万を超えています。一万種から一二〇万種への大躍進は、二五〇年間にわたる生物学者の努力の賜物です。

それでは、人類は地球上にいるはずのほぼすべての種をすでに見つけられたのでしょうか？それとも、地球にはまだ人類に見つかっていない種がたくさん残っているのでしょうか？

じつは、いまでも年間に六〇〇〇種を超える新種の生物が見つかっています。ときどき新聞などで新種発見のニュースが伝えられているので、いまもどこかで新種が見つかっていることはみなさんもご存じでしょう。いまなお新種が見つかっているという現実は、人類がまだすべての種を見つけつくしたわけではないことを物語っています。

それでは、あとどれくらい、年六〇〇〇種のペースで新種を見つけつづければ、地球上のすべての種を発見しつくせるのでしょうか？　ゴールは間近に迫っているのでしょうか？　はたまた、まだまだ遠いのでしょうか？　この問いに答えるためには、まだ見つかっていない種の数を推定しなければなりません。

未発見の種数があとどのくらい残っているかという問題は、設定自体が矛盾をはらんでいます。これはあたかも、「世界の石油の埋蔵量はあとどれだけあるか？」という予想のようなもので、正解は「実際に数えてみないとわからない」ということになるでしょう。とはいえ、メダル数の予想のように、各種のデータを突き合わせ、いろいろな方法を駆使すれば、それらしい数を予想することができるはずです。未発見の種数の推定も、まさにこのようにして進められています。

未知の種数の推定という課題は、古くから生物学者を魅了してきました。一九八〇年代には、アメリカの昆虫学者テリー・アーウィンが熱帯雨林の昆虫の調査結果をもとに、「熱帯雨林には昆虫だけで三〇〇〇万種いる（はず）！」と主張して、世界を驚かせました。この数字が正しいとすると、人類が見つけた一二〇万種は、地球にいるはずの種のわずか四パーセントにも満たないことになってしまいます。

アーウィンの種数推定は確固としたデータにもとづいていたものの、発表当時から「過大評価しすぎなのでは」と批判されてもいました。つまり、「三〇〇〇万種もいるはずがない」と考える人が多かったのです。ただし、批判する側にもとくに根拠があったわけではありません。そんなにいるはずがいない、という直感にもとづく批判でした。

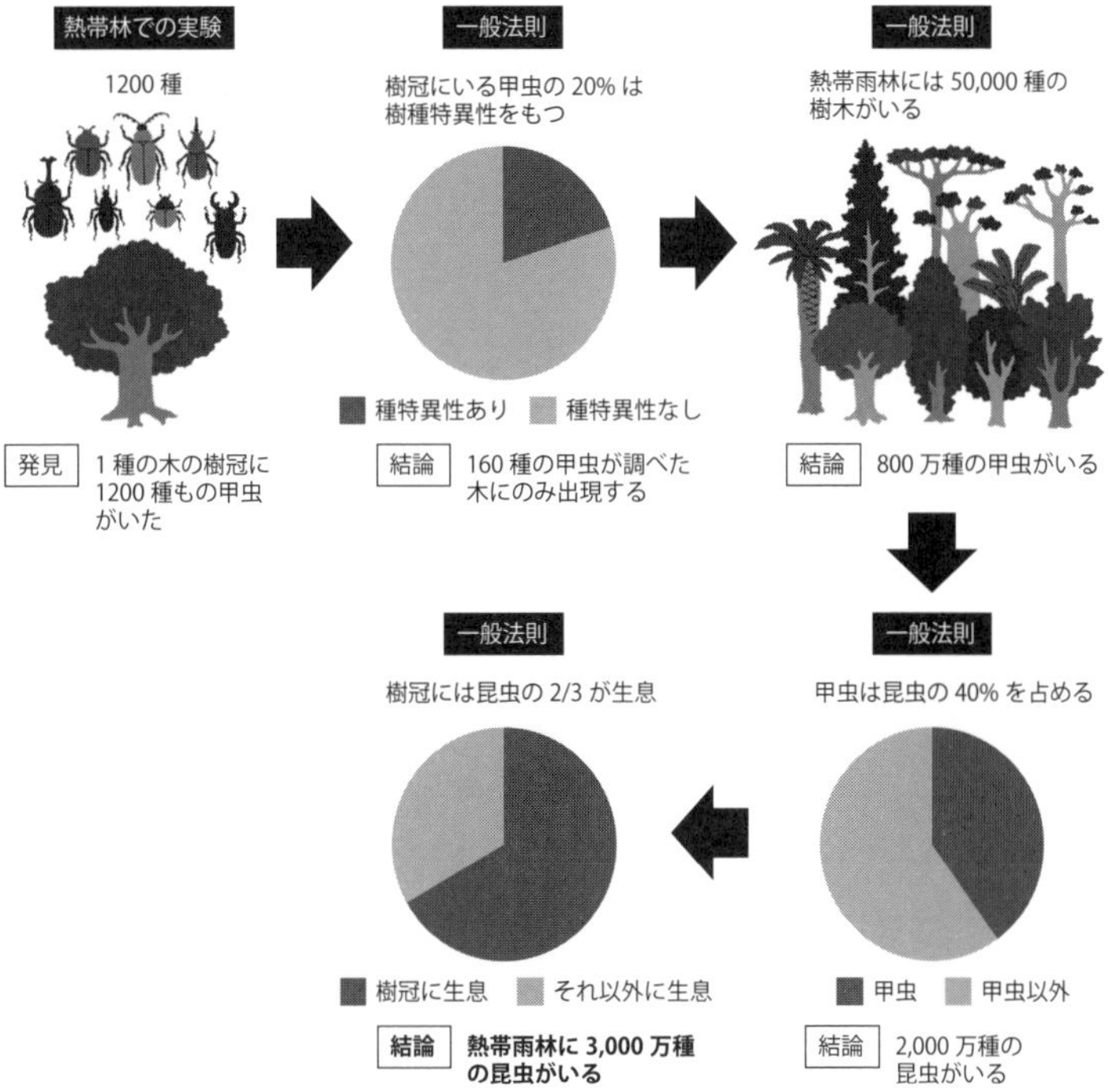
熱帯林での実験
1200 種
発見
1 種の木の樹冠に 1200 種もの甲虫がいた
一般法則
樹冠にいる甲虫の 20% は樹種特異性をもつ
種特異性あり
種特異性なし
結論
160 種の甲虫が調べた木にのみ出現する
一般法則
熱帯雨林には 50,000 種の樹木がいる
結論
800 万種の甲虫がいる
一般法則
甲虫は昆虫の 40% を占める
甲虫
甲虫以外
結論
2,000 万種の昆虫がいる
一般法則
樹冠には昆虫の 2/3 が生息
樹冠に生息
それ以外に生息
結論
熱帯雨林に 3,000 万種の昆虫がいる

アーウィンの種数推定

それ以降も、多くの生物学者が独自の方法を編み出して、種数推定に挑んでいます。種数の推定は困難を極めるものの、二〇一一年になってようやく説得力のある推定値が提案されました。先ほど紹介したモーラたちによる推定です。

彼らは、いままでに発見された一二〇万種の生物に潜んでいた分類学的なパターンをヒントに、種数の推定に挑みました。つまり、過去二五〇年間に蓄積された種の記録から、「いままでこのペースで新種が発見されてきたのだから、まだこれぐらいの種が発見されていないはずだ」という推定をおこなったのです。この手法は、〝分類学的パターンにもとづく種数推定〟と呼ばれています。

モーラたちの手法を理解するには、生物分類学の深い知識が必要です。それに加えて、彼らは高度な統計学的手法を用いています。そのため、本書では推定方法の詳細を紹介することは控えることにして、推定結果だけを紹介します。彼らの推定によれば、地球にはおよそ一一〇〇万種の生物がいるようです（動植物にかぎれば、「はじめに」で紹介したとおり八一〇万種になります）。この推定値は多くの生物学者に妥当ととらえられています。本書でも、彼らの推定を受け入れることにしましょう。

そうすると、人類が二五〇年かけて発見してきた一二〇万種という数は莫大ではあるものの、本来いるはずの種の一割を少し超えた程度にすぎないということになります。また、年に六〇〇〇種というペースでは、すべて発見しつくすのに、あと一〇〇〇年以上かかる計算になります。つまり、地球は未発見の種だらけだということです。

生命の歴史を語る化石

仮に、いま地球上に（モーラたちが推定したとおり）一一〇〇万種の生き物がいるとしましょう。さて、この一一〇〇万種は、地球の誕生時からすでに存在し、それ以来、増えも減りもしていないのでしょうか？　そんなはずはありませんね。地球上に生命が誕生して以降、進化により新しい種が誕生する一方で、既存の種が絶滅し、消えていきました。生命の歴史の中で起こった進化による新種の出現と絶滅による既存種の消失のバランスの結果が、現在の一一〇〇万種という数なのです。

いま〝生命の歴史〟という言葉を使いましたが、それがいったいどの程度の時間スケールのものなのか確認しておきましょう。

地球が誕生したのは約四六億年前と言われています。原始の（生まれたばかりの）地球の表面は岩石すらも融けてしまうほどの高温で、マグマの海に覆われていました。この灼熱の世界には、とても生物は存在できません。しかし、地球表面は徐々に冷えていきました。遅くとも四三億年前には、地球に液体の水（海）が存在できる程度には冷えていたようです。そして地質学的な証拠から、約四〇億年前にはすでに地球上で生命が活動していたらしいと考えられています。どうやらこのころに、地球上で生物が誕生したようです。

つまり、生命の歴史はおよそ四〇億年にわたる、とてつもなく長いものなのです。しかし、生命の誕生からかなり長いあいだ、地球上の生物はすべて原始的な単細胞生物のままでした。多細胞生物が出現するのは、生命誕生から二〇億年以上たってからのことです。

多細胞生物の種の多様化が見られたのはさらにずっとあとのことで、いまから約五億七〇〇〇万年前になってからです。このころに堆積したオーストラリアのエディアカラ丘陵などの地層から、より古い地層には見られない多様な多細胞生物の化石が見つかったのです。こうして見つ

地質年代・生命史

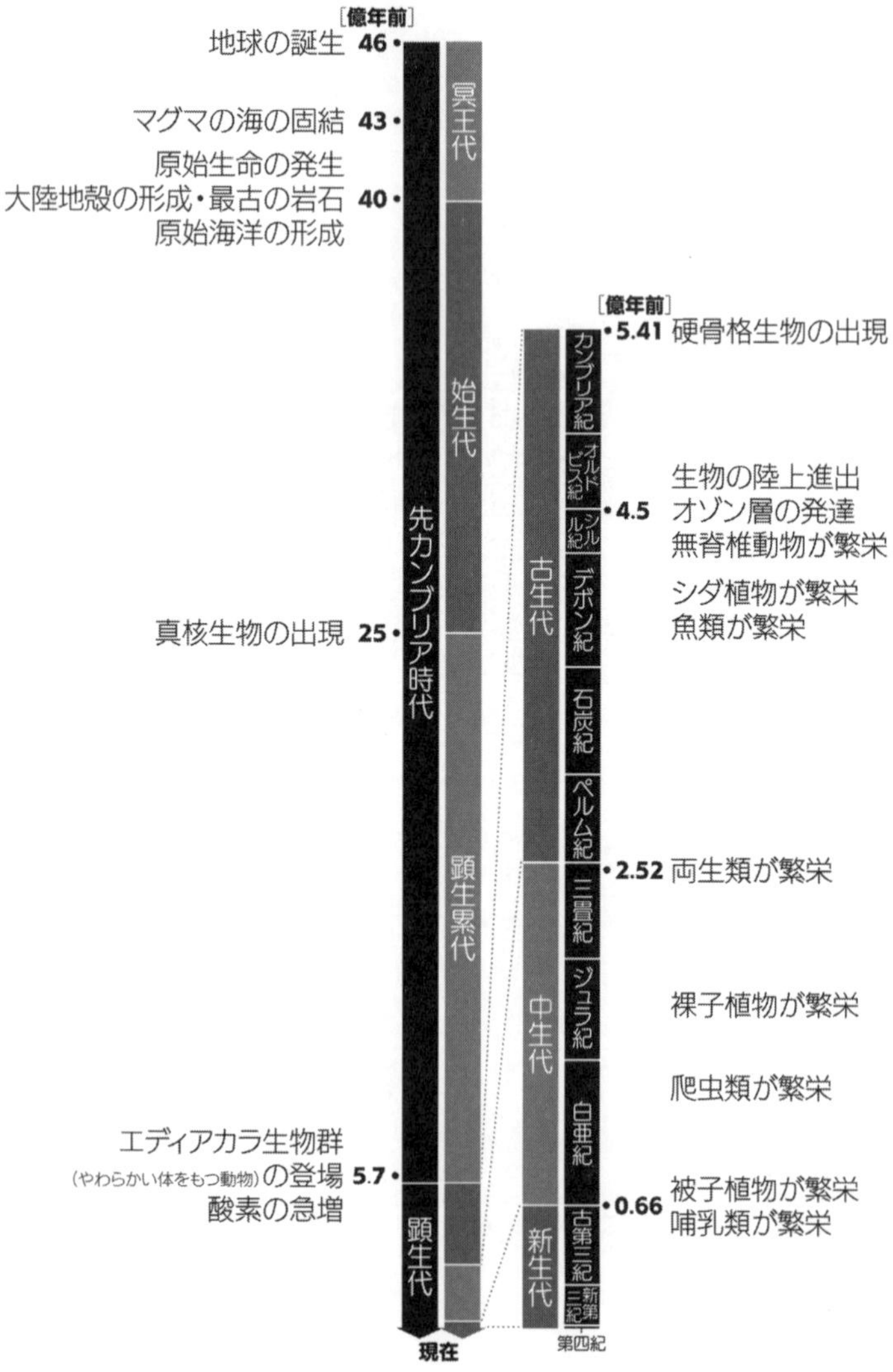
[億年前]
地球の誕生 46
マグマの海の固結 43
原始生命の発生
大陸地殻の形成・最古の岩石 40
原始海洋の形成
真核生物の出現 25
エディアカラ生物群
(やわらかい体をもつ動物)の登場 5.7
酸素の急増
先カンブリア時代
顕生代
冥王代
始生代
顕生累代
現在
古生代
中生代
新生代
カンブリア紀
オルドビス紀
シルル紀
デボン紀
石炭紀
ペルム紀
三畳紀
ジュラ紀
白亜紀
古第三紀
新第三紀
第四紀
[億年前]
5.41 硬骨格生物の出現
4.5
生物の陸上進出
オゾン層の発達
無脊椎動物が繁栄
シダ植物が繁栄
魚類が繁栄
2.52 両生類が繁栄
裸子植物が繁栄
爬虫類が繁栄
0.66
被子植物が繁栄
哺乳類が繁栄

かった多細胞生物たちは、発見地にちなんで〝エディアカラ生物群〟とよばれています。

エディアカラ生物群の生物は、体が柔らかいという特徴をもちます。そして、硬い殻をもった生物が現れるのは、いまから約五億四〇〇〇万年前から始まるカンブリア紀以降です。体の硬さに注目することに違和感を覚えた方もいらっしゃるかもしれませんが、これは古生物学において重要なポイントになります。この点についてはあとで説明しましょう。

過去の生命の歴史は、化石から読み解くことができます。しかし、単細胞生物は化石として残ることがまれなので、化石の情報から単細胞生物の歴史を遡ることは困難を極めます。ごくまれに、微生物の化石やその生痕化石（〝生痕〟は〝生活の痕跡〟の意。生命活動の痕跡を示す岩石中の化学物質、〝化学化石〟もふくむ）、光合成細菌の一種であるシアノバクテリアのコロニーから形成されるストロマトライト（縞状構造をもつ岩石）が見つかることもあります。しかし、単細胞生物しか存在しなかった時代の生命の歴史は、化石の情報からはほとんど明らかにすることができません。また、多細胞生物が現れたとしても、体が柔らかいと、同じ理由から化石に残ることはまれです。このように、化石の残りやすさは体の柔らかさと密接に関係しています。

一方、最近五億四〇〇〇万年間の多細胞生物の歴史ならば、化石の情報からおぼろげながら復元可能です。化石の情報を吟味すると、過去に地球にいたはずだけれども、すでに絶滅して地球から姿を消してしまった種の存在を明らかにできます。その典型的な例は、六五〇〇万年前に絶滅してしまった恐竜たちです。恐竜たち以外にも、三葉虫やアンモナイトなど、いまの地球では生きていない種の化石がたくさん見つかっています。それでは、化石の試料にもとづく多細胞生物の歴史を眺めて、多細胞生物が経験した絶滅の歴史を読み解いてみましょう。

化石種はなぜ現生種より少ないのか？

人類が発見した化石の動植物は二五万種におよびます。化石の記録は過去五億四〇〇〇万年の生命の歴史を反映しているはずです。その長さを考えれば、現在生息している種（現生種）よりもずっと多くの化石種が見つかることを期待してしまいます。しかし現実はその逆です。ということは、現代は多細胞生物の歴史の中でも、とくに種数が豊富な、生物多様性に富んだ時代なのでしょうか？

そう考えることで、化石種と現生種の数のちがいを説明することはできますが、多くの生物学者はこの考えを採用していません。過去に比べて現在の地球にとくべつ多くの種が生息している証拠など、まったく見つかっていないからです。むしろ、化石として残されているのは過去に生息していた多細胞生物のほんのひと握りの種だけだと考えています。三葉虫やアンモナイトのように、炭酸カルシウムの硬い殻や骨をもった生物は比較的化石を残しやすい一方で、そういった硬い組織をもたない生物が化石となることはほとんどありません。

地球には〝分解者〟と呼ばれる微生物が存在し、ほかの生物の遺体や排泄物をせっせと分解しています。そのため、生物の遺体や排泄物は化石となる前に跡形もなくなってしまうのです。化

化石のでき方：通常、生物の遺体はほかの生物に分解され、跡形もなくなってしまう（左）。化石を残すのは、分解者から隔離されて死んだ生物だけである（右）。

石として残るのは、分解者の少ない沼地にはまるとか、急速に火山灰に覆われて分解者から隔離されるなど、かなりまれな出来事に遭遇した場合にかぎられます。
古生物学者は、硬い骨格をもつ生物であっても、化石として残るのはたった数パーセントの種だけだと見積もっています。硬い構造をもたず化石になりにくい生物にいたっては、化石として残る種はほとんど存在しません。

つまり、二五万の化石種は、過去に地球にいた生物の完全なカタログではなく、部分的で不完全極まりない記録なのです。そういった理由で、一一〇〇万の現生種と二五万の化石種を直接比べても、過去の地球がどれだけ豊かな生物相をもっていたかを推定するうえでは、あまり役に立ちません。

種の寿命

そこで、過去の地球の生物多様性を推定するために用いられるのが、種としての寿命です。地上に現れた新種は、世代交代を繰り返しながら生存しつづけ、やがて絶滅する運命にあります。それでは、ひとつの種はいったいどの程度の期間生存しつづけるのでしょうか？　この種としての生存期間を〝種の寿命〟と呼びます。

ある種の化石が、地層のどのあたりの深さから現れはじめ、どのあたりの深さで消失するのか、そして、そのあいだの地層が堆積するのにかかった時間がわかれば、種の寿命を見積もることができます。

古生物学者のジョージ・G・シンプソンは、種の寿命をおおむね二七五万年と推定しました。しかし、彼は同時に種の寿命を精確に見積もることのむずかしさも指摘しており、もしかすると、実際の種の寿命は推定値よりずっと短い五〇〇万年くらいかも知れないし、反対にずっと長い五〇〇〇万年くらいの可能性もある、とも述べています。

ほかの推定も紹介しましょう。シカゴ大学で古生物学を教えるマイケル・フットたちは、新生代（最後の大量絶滅以降の地質年代）の化石目録を用いて、軟体動物の種の寿命を推定しました。その結果、軟体動物の種の寿命はばらつきが大きく、三〇〇万年の種もあれば、二五〇〇万年におよぶ長い寿命をもつ種もいることを発見しました。

次に、アメリカの古生物学者、ドナルド・プロセロによる哺乳類の種の寿命の推定値を見てみましょう。新生代の化石の記録から、ウシ目で四〇〇万年強、ウマ目で三〇〇万年強、ネコ目や肉歯目で三〇〇万年弱という種の寿命が推定されています。

ここまで種の寿命の推定値として紹介してきた〝数百万年〟という時間は想像を絶する長さですが、それでも、多細胞生物の歴史五億四〇〇〇万年と比べればほんの一瞬です。つまり、多細胞生物の歴史の中で、地球上に生息する種は何回も入れ替わってきたということです。そして、現在が特別に生物多様性の高い時期というわけではなく、たぶん、昔もいまと同じくらいの生物多様性があったはずだと信じられています。

ということは、現在地球にいる一一〇〇万種は、これまでに地球に現れた種のごく一部にすぎないことになります。現生種の数とこれまでに現れた種数の比較を試みた科学者もいます。アメリカの古生物学者、デイヴィッド・ラウプです。彼は、これまで地球に出現した種の数は（現生種も化石種もふくめて）五〇億から五〇〇億におよぶはずだと見積もりました。ラウプの推定を受け入れれば、これまでに地球に出現した種の九九パーセント以上は、もうすでに絶滅したことになります。現在生息している一一〇〇万種は、これまでに誕生したすべての種の一パーセント以下にすぎないのです。

これを根拠に、本節の最初に紹介した〈絶滅は自然の摂理論〉の前提①「生物の歴史の中でおびただしい数の種が絶滅してきた」は、正しいといえるでしょう。とすると、学生が主張するように、人類は絶滅しそうな生物に対して保全活動をおこなう必要はないのでしょうか？　そう結論づける前に、前提②「現在起こっている絶滅は自然の一過程と位置づけられる」の正しさを検討してみましょう。

1-2　第六の大量絶滅は自然のプロセスか？

学生がいうように、地球に誕生した生物種の多くは絶滅してきました。そして、現生種も将来現れる種も、絶滅という運命からは逃れられません。先ほど紹介したフットたちによれば、種は出現後に個体数を増したあと、減少に転じ、かなりの時間をかけて消失する、というのが典型的なシナリオのようです。こうした、時間をかけてゆっくりと消失していく絶滅を、〝自然の一過程としての絶滅〟と呼びましょう。

それに対して、現在進行中の絶滅は、もしかするとヒトが原因となっているかもしれない、という考えがあります。つまり、時間をかけてゆっくりと消失しているのではなく、ヒトによって突発的に絶滅させられている可能性があるのです。もしそうならば、現在進行形中の絶滅は、自然の一過程としての絶滅とは区別してとらえるべきでしょう。そこで本書では、現在進行形中かもしれないヒトに原因がある絶滅を〝人為的な絶滅〟と呼ぶことにします。

本節では、現在起こっている絶滅が自然の一過程としての絶滅なのか、それとも人為的な絶滅なのかを明らかにしていきます。もし現在の絶滅の主たる原因がヒトにあるのならば、「絶滅は自然の一過程だから、ヒトは手を出すべきではない」という主張には違和感が残ることでしょう。

ヒトが現れる直前の絶滅規模

現在進行中の絶滅が、自然の一過程としての絶滅か人為的な絶滅かを明らかにするために、新生代をヒトの出現以前と以後（現在）に分け、この二つの期間で絶滅の規模を比較してみましょう。この比較では、ヒトが現れる以前の絶滅の規模を自然の一過程としての絶滅の規模とみなします。そしてもし、その規模が現在と同程度ならば、現在進行中の絶滅も自然の一過程としての絶滅である（人為的な絶滅は起きていない）と考えます。逆に、現在の絶滅の規模が、ヒトが現れる以前の絶滅の規模よりも大きいのならば、大きいぶんはヒトがもたらしたと考えます。

もちろん、この比較は大きな仮定のもとで成り立つものです。すなわち、ヒト出現以前と以後で、ヒトの存在以外の条件は同一である、という仮定のもと、絶滅規模の差をすべてヒトの在／不在のみで説明するということです。じつは、この仮定が正しいことを証明するのはほぼ不可能です。とはいえ、新生代においては、恐竜を絶滅に導いたほどの地球環境の大激変があったことは知られていないので、本書ではこの仮定を受け入れて話を進めます。

さて、この比較をおこなうためには、絶滅の規模を評価する指標が必要です。生物学者が用いている絶滅の規模の指標に、一〇〇万種あたり・一年あたりの絶滅種数（extinctions per million species-years、この先〝E／MSY値〟と呼びます）というものがあります。E／MSY値は、もし一〇〇万種の生物がいたとすると、そのうちの何種が一年以内に絶滅するかを表す指標です。絶滅は地球上で何度となく繰り返されたとはいえ、短い期間ではとてもまれな出来事で、一年間に絶滅する種数はたかが知れています。絶滅というまれな出来事をすくい上げるためには、一〇〇万もの大量の種を対象として考える必要があるのです。

E／MSY値は、化石のデータにもとづいて見積もられます。その見積もりには、前節で紹介した種の寿命を用います。

たとえば、種の寿命が一〇〇万年の種がいたとしましょう。この種が観察期間中の任意の一年に絶滅する確率は、一〇〇万分の一です。でも、種の寿命が一〇〇万年の生き物が同時に一〇〇万種も生きているとすれば、平均して一年あたり一種が絶滅することになります。つまり、種の寿命が一〇〇万年の生き物が一〇〇万種生きている世界では、E／MSY値が1になるのです。このように、種の寿命がわかれば、その逆数に一〇〇万をかけることで、E／MSY値に変換することができます。

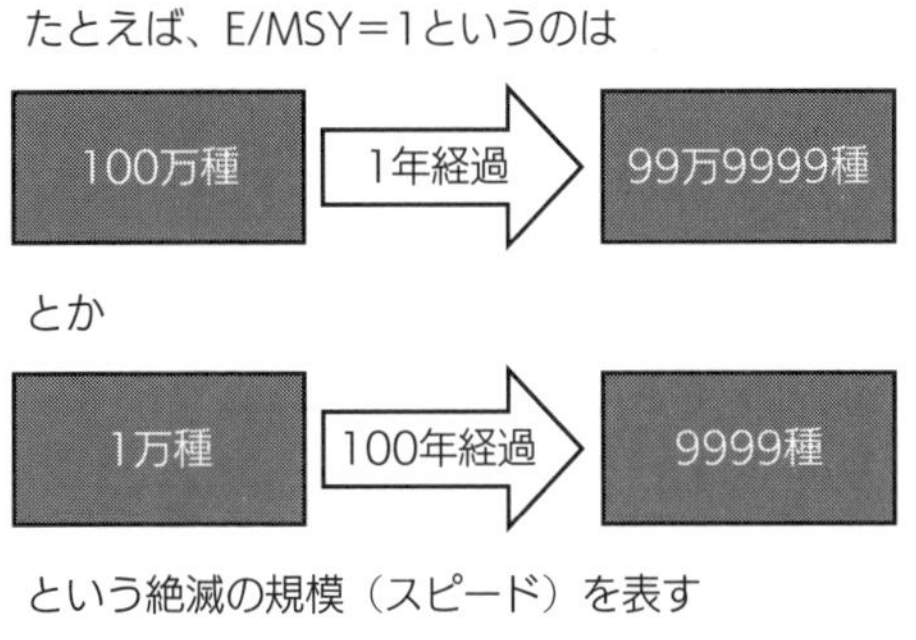
たとえば、E/MSY＝1というのは
100万種
1年経過
99万9999種
とか
1万種
100年経過
9999種
という絶滅の規模（スピード）を表す

E/MSY値：生き物のグループにより、値は大きく異なる。

E／MSY値を求めるためには、化石のデータにもとづいて見積もられた種の寿命の情報が必要です。ですから、化石になりやすい種しかE／MSY値の推定対象にはなりえません。そうした制限はありますが、いままでにいろいろな生き物についてE／MSY値が見積もられてきました。推定されたE／MSY値を見ると、対象とする生き物のグループによって大きく異なります。先ほど紹介したように、生き物のグループによって種の寿命が異なるのですから、当然ですね。そこで、ここからは哺乳動物（哺乳類）のE／MSY値に注目します。
化石のデータから哺乳類のE／MSY値が見積もられています。その見積もりに用いられた化石は、ヒトが出現する以前に形成された地層に残されていたものです。ですから、その見積もり値は、自然の一過程としての（哺乳類の）絶滅の規模を表すと考えることにします。

哺乳類のE／MSY値は0・4とか1・8とか2と推定されたりしていて、研究によって多少の幅があります。そこで本書では、推定値の中でいちばん大きな2E／MSYを、ヒトが現れる直前の哺乳類のE／MSY値として採用することにします（直前といっても、一〇〇万年以上前ですが、地球の歴史の長さを考えれば、直前といっても差し支えないでしょう）。つまり、この値を自然の一過程としての絶滅のE／MSY値と考えます。

2E／MSYという数値は、地球上に仮に一〇〇万種の哺乳類がいたとすると、毎年二種が絶滅することを意味します。哺乳類が四〇〇〇種しかいない現実の地球では、一年で絶滅する種数は〇・〇〇〇八種と推定されます。つまり、ヒトが現れる以前の地球では、哺乳類のいずれかが絶滅する年はほとんどなかったということです。

地球環境の激変とビッグファイブ

ヒト出現以後の哺乳類のE／MSY値を見積もって、早く比較をしたいところですが、すこしお待ちください。もうすこし視野をひろげてみましょう。

多細胞生物の歴史には、ほかの時期に比べてE／MSY値が異常に高かった時期があることが知られています。そして、その時期は〝大量絶滅期〟と呼ばれています。ここで、大量絶滅期の

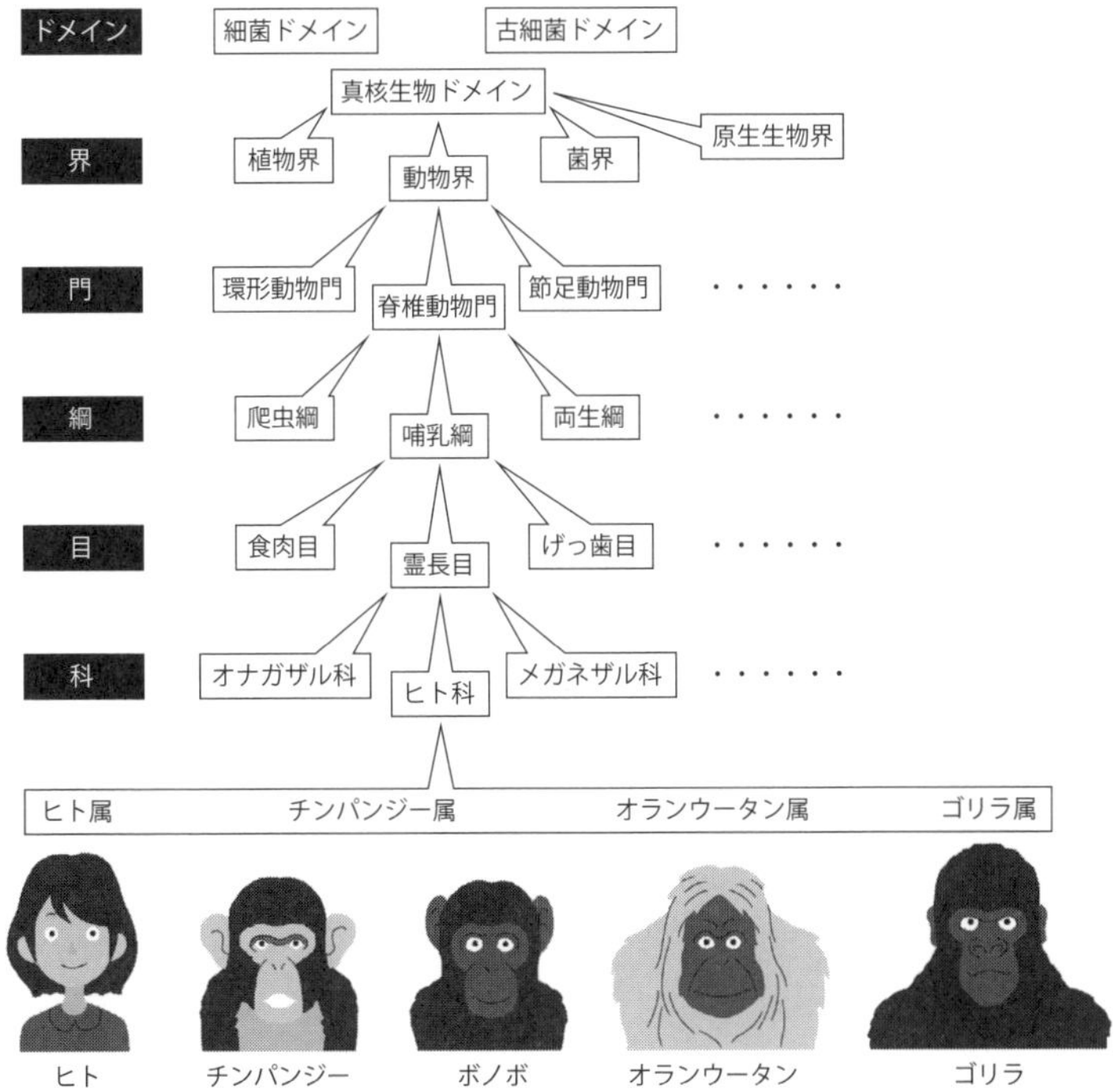

生物の階層的な分類階級

発見の物語を紹介しましょう。

シカゴ大学で古生物学を教えたジャック・セプコスキーは、それまでに見つかった化石海生動物の科のカタログを作成しました。科は種より上位の分類階級です。化石の場合、種レベルでの分類は時として困難をともなうので、セプコスキーは上位分類階級でまとめるという工夫をしたのです。人類は、このカタログにより初めて、化石海生動物の科の数が時間とともにどのように変化してきたか

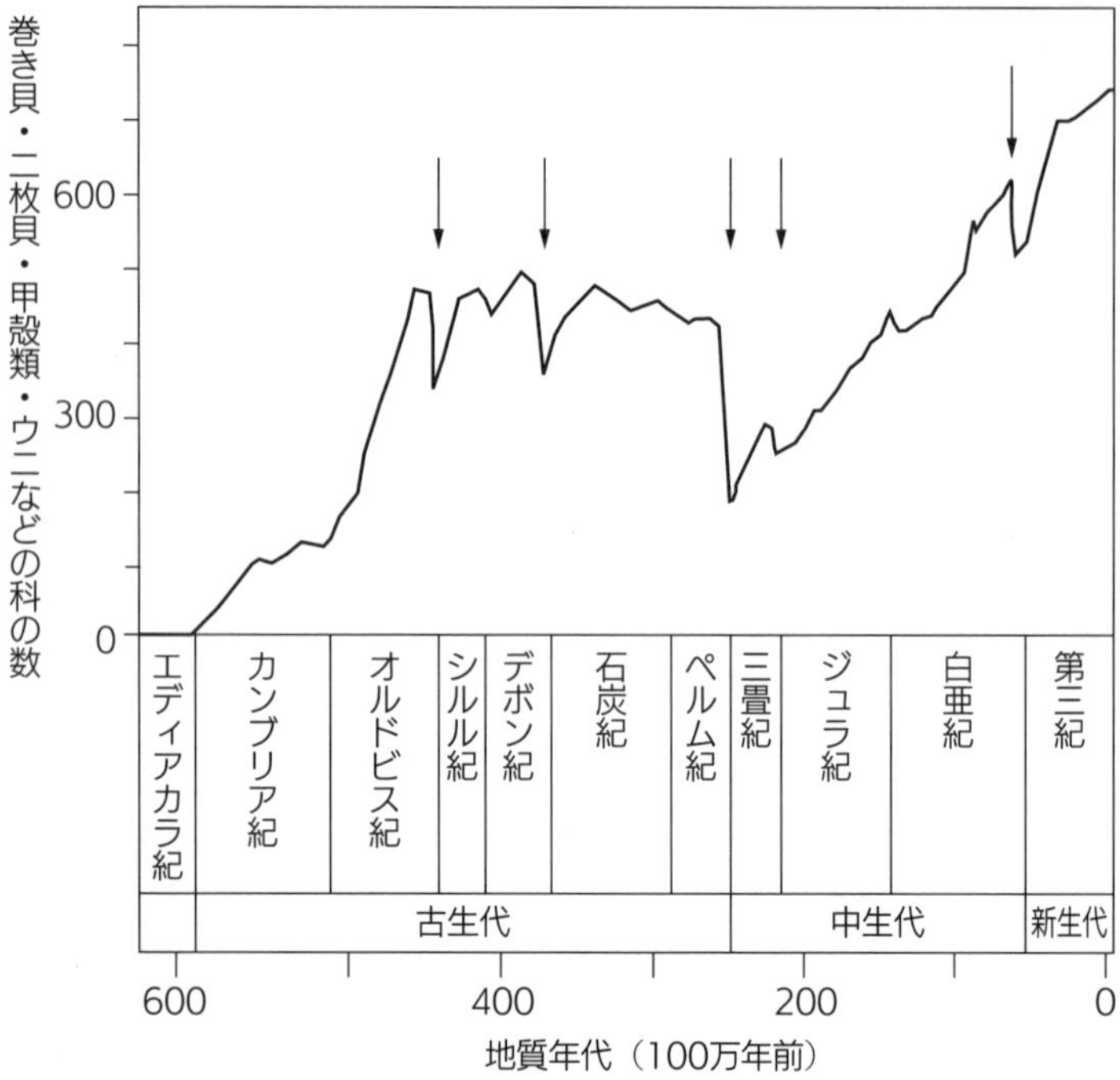

化石海生動物の科の数の変動：矢印で示した５つの大量絶滅期をビッグファイブという。［Sepkoski（1984）を一部改変］

を知ることになりました。

セプコスキーの論文の図（上図）を見てみましょう。これによると、過去五億四〇〇〇万年のあいだに、化石海生動物の科の数が短期間で激減する時期が五つ（オルドビス紀末、デボン紀末、ペルム紀末、三畳紀末、白亜紀末）あることがわかります。これら五つのほかにも、規模が小さめながらも、科の数が明らかに減少した時期が知られています。そして、こうした時期も大量絶滅期に加えるべきかどうか、いまだ議論が続いています。ともあれ、減少の規模の大きい前述の五つの時期は、〝ビックファイブ〟と呼ばれる、誰もが認める大量絶滅期です。なお、前項で紹介した哺乳類のE／MSY値の推定に用いられたのは新生代の化石データですので、大量絶滅期には該当しません。

大量絶滅期は、多くの種の自然の一過程としての絶滅が偶然重なったことによりもたらされたとは考えられていません。むしろ、なんらかのまれなイベントによる地球環境の激変（カタストロフィー）が引き起こしたと考えられています。そして、それぞれの大量絶滅の規模や原因が精力的に調べられています。

カタストロフィーの一例を紹介しましょう。白亜紀末にあたる約六五〇〇万年前に起こった大量絶滅（恐竜の絶滅で有名）では、全体の七六パーセントに相当する種が絶滅したと推定されています。この大量絶滅は、ユカタン半島での隕石の衝突が契機になったことが知られています。

もしかすると、恐竜たちは一瞬のうちに絶滅した、と誤解している方も多いかもしれません。しかし実際には、隕石の落下後、恐竜は時間をかけてじわじわと絶滅に向かいました。隕石衝突から恐竜の絶滅までには、約二五〇万年かかったと推測されています。

隕石の衝突は瞬間的に莫大なエネルギーを発散したので、それにより落下地点周辺にいた生物は一瞬のうちに死滅したことでしょう。しかし、落下地点から離れたところでは、衝突により発せられたエネルギーの直接の影響は小さかったはずです。こうした地域に生息していた生物にとって問題となったのはむしろ、隕石の衝突が引き起こした地球環境の激変でした。

衝突によって粉々になった隕石と地表の岩石が大気中にまき上がり、地表に届く日光を遮ってしまったのです。その結果、地球は寒冷化しました。恐竜が繁栄した白亜紀は、現在より気温が一〇度くらい高かったことが知られていますから、当時生息していた多くの生き物は高温環境に適応していたはずです。隕石衝突後の寒冷化は恐竜をふくむ生態系に大打撃を与えたことでしょう。

生態系への大打撃はさらにつづきました。激しい火山活動が生じ（現在のインドのデカン高原にその痕跡が残されています）、こんどは地球温暖化や地殻変動、海洋の富栄養化と酸素欠乏などが起きたのです。そうしたイベントの結果、恐竜たちは絶滅したと考えられています。

じつは、多細胞生物の歴史の中で最悪（最大規模）の絶滅は白亜紀末の絶滅ではありません。二億五一〇〇万年前のペルム紀末に起こった大量絶滅です。この大量絶滅では、九六パーセントの種が絶滅したと推定されています。つまり、このとき生物は、地球上から完全に姿を消す寸前だったのです。ペルム紀末の大量絶滅では、とくに多くの両生類たちが影響を受けました。その原因はまだよくわかっていませんが、シベリアでの大規模な火山活動により大量の二酸化炭素が大気中に排出され、地球温暖化が進んだことと、海洋の酸素濃度の大幅な低下のせいではないか、と疑われています。

ビッグファイブの絶滅規模

では、大量絶滅期の絶滅の規模はどの程度だったのでしょうか。

大量絶滅期のE／MSY値を求めるのは容易ではありません。推定の鍵となるのは、大量絶滅がつづいた期間の長さです。精確な期間がわかれば、それだけ精確なE／MSY値を割り出すことができます。大量絶滅期の絶滅規模を示す代表値として、生命史上最悪のペルム紀末のE／MSY値を求めることにしましょう。

大量絶滅を精力的に研究するマイケル・ランピノらは、地層に残された証拠から、ペルム紀末の大量絶滅の期間を六万年間に絞り込むことに成功しました。さらに、たぶん八〇〇〇年間の出来事だったと主張しています。本当にそこまで精度よく絶滅期間を絞り込めるかは疑問が残るところですが、とりあえずこれらの値を受け入れることにしましょう。

筑波大学の丸岡昭幸はこのランピノの成果をもとに、ペルム紀末の大量絶滅のE／MSY値を見積もりました。それによれば、大量絶滅の期間を六万年とすれば15E／MSY、期間を八〇〇〇年とした場合は110E／MSYとなります。前に紹介した、ヒトが現れる直前（新生代）の哺乳類のE／MSY値は2E／MSYでした。仮に同時期の両生類のE／MSY値も同じ2E／MSYだったとしましょう。すると、ペルム紀末にはその最大五五倍となる非常に大きな絶滅が起きていたことになります。

それでは次項で、こうして求めた過去のE／MSY値と現在の（ヒト出現後の）E／MSY値を比較してみましょう。

その前に、念のため再度確認します。過去のE／MSY値には二種類あるので注意が必要です。ヒトが現れる以前の新生代の哺乳類の化石にもとづいたE／MSY値（2E／MSY＝自然の一過程としての絶滅）と、ペルム紀末に起きた史上最悪の大量絶滅期のE／MSY値（15〜110E／MSY＝大量絶滅期の絶滅）です。これら二つの値を覚えておいてください。

ひどすぎる現在の大量絶滅

現在のE／MSY値を求めるためには、現在の絶滅の規模を示すデータが必要です。こうしたデータを提供してくれている組織があります。生物多様性の減少問題の解決に向けて活動しているIUCN（国際自然保護連合）です。IUCNは具体的には、絶滅の危機に瀕している世界の野生動植物（絶滅危惧種）のリスト、レッドリストを作成しています。たとえば、うなぎの蒲焼の材料であるニホンウナギは個体数を急速に減らしていて、二〇一四年に絶滅危惧種に指定されましたが、この指定をおこなったのもIUCNです。

レッドリストのデータにもとづいて、現在の絶滅の規模を評価することができます。たとえば、メキシコの保全生物学者、ヘラルド・セバイオスらはこのデータを用い、産業革命以降の過去二〇〇年間の絶滅の規模を評価しました。その結果、哺乳類、鳥類、爬虫類、両生類、魚類のE／MSY値がそれぞれ、110、68、48、200、112と推定されました。哺乳類（110E

- 絶滅（Extinct）
- 野生絶滅（Extinct in the wild）
- 深刻な危機（Critically endangered）
- 危機（Endangered）
- 危急（Vulnerable）
  - （以上3カテゴリー）絶滅危惧種（Threatened species）
- 準絶滅危惧（Near threatened）
- 低懸念（Least concern）
- データ不足（Data deficient）

IUCNによる絶滅リスクの度合いのカテゴリー：IUCNは絶滅のリスクを評価した種を定量基準により、8つのカテゴリーに分類している。深刻な危機、危機、危急のカテゴリーに分類された種が絶滅危惧種

／ＭＳＹ）に注目すると、ヒトが現れる直前のＥ／ＭＳＹ値は2でしたから、その50倍以上のスピードで絶滅が起こっていることになります。

さらに、この値とペルム紀末の史上最悪だった大量絶滅期の値とを比べてみましょう。きっと愕然とすることと思います。ペルム紀の地球は両生類の世界だったので、比較のためには両生類に注目するのが適当でしょう。現在の両生類の絶滅の規模は２００Ｅ／ＭＳＹですから、史上最悪のペルム紀末の大量絶滅の規模１１０Ｅ／ＭＳＹを軽く超えているのです。

カリフォルニア大学バークレー校で生物学を教えるアンソニー・バーノスキーらも、ＩＵＣＮのレッドリストを利用して過去一〇〇〇年の哺乳類の絶滅の規模を最大で24Ｅ／ＭＳＹと推定しました。ヒトが現れる直前の2Ｅ／ＭＳＹと比べると、最近一〇〇〇年はかなり規模の大

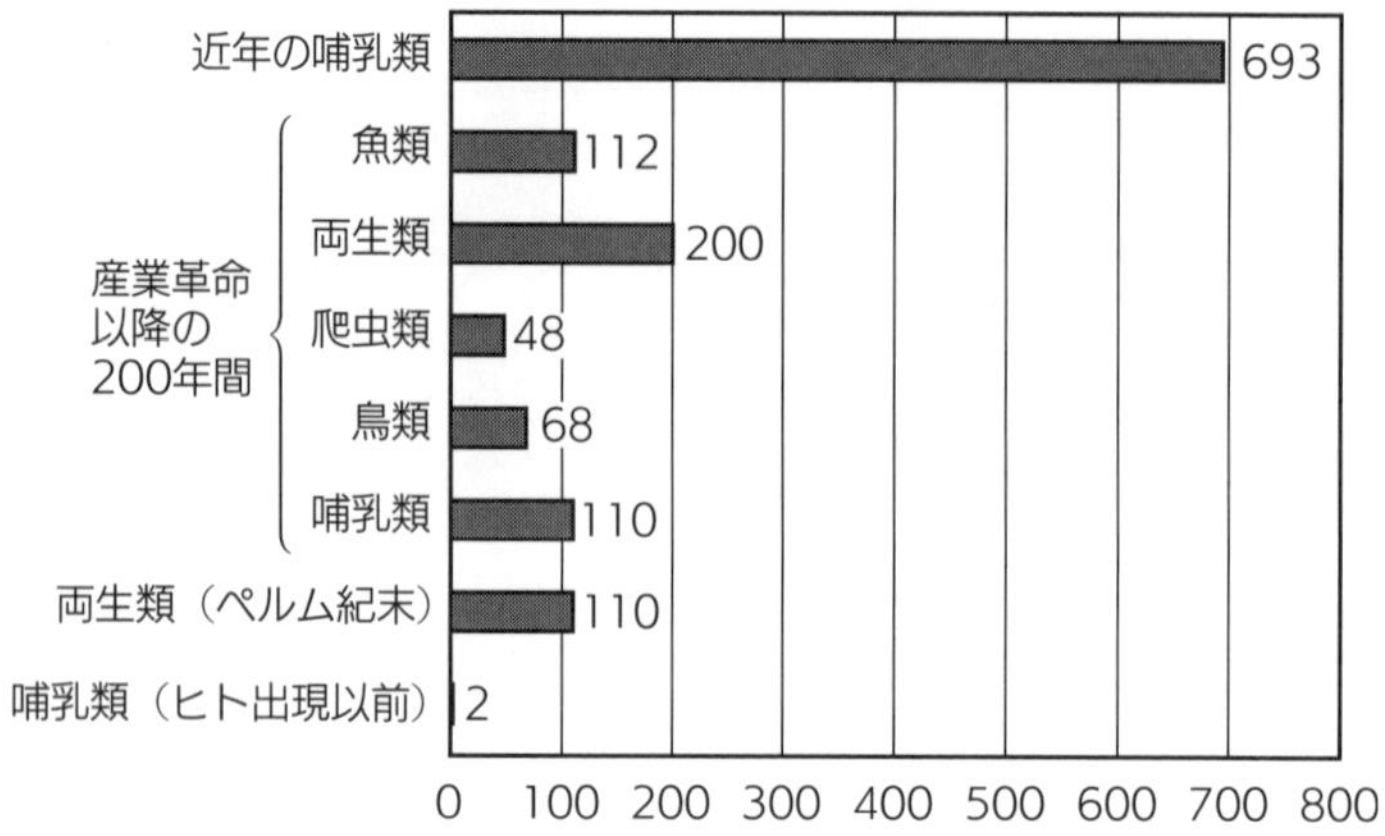

E/MSY 値の比較

きい絶滅が起きていることがわかります。

さらに彼らは、Ｅ／ＭＳＹ値は現在に近づくほど上昇することも示唆しています。推定によっては、近年のＥ／ＭＳＹの値は、なんと最大で６９３Ｅ／ＭＳＹにも達するのです。この推定値は、ヒトがいなければ平均して（一〇〇万種あたり）二種しか絶滅しなかったはずの哺乳類が、ヒトがいることで六九三種も絶滅していることをほのめかしています。二つの数値の差にあたる六九一種はヒトのせいで絶滅している、と考えるべきです。それに加えて、近年の大量絶滅の規模は、ペルム紀末のそれと比べても六倍以上もの大きさであることもわかります。

二〇一〇年以降、すでに六度目の大量絶滅に突入したと主張する論文が立て続けに発表されました。生物学者のあいだでは、現在が六度目の大量絶滅期にあたることは、もはや常識となっています。

巨大隕石をしのぐ人間活動のインパクト

絶滅の規模を客観的に計るE／MSY値というものさしを使うことで、現在はヒトが現れる直前の数十倍から数百倍、また、史上最悪のペルム紀末の大量絶滅と比べてさえ、なお六倍以上も大きな絶滅が起こっていることがわかりました。まさに、古今未曾有の大量絶滅が現在進行しているのです。

そして以上の考察から、今回の大量絶滅は、隕石の落下や火山活動が引き金となった地球環境の激変による過去五回の大量絶滅とはまったく異なった原因により引き起こされていることもわかりました。つまり、地球史上初めて、生物間（ヒトとヒト以外の生物）の関係が大量絶滅の原因となっているのです。と言うことは驚くなかれ、人類は、巨大隕石の衝突以上のインパクトを生物たちに与えていることになります。

もちろん、いままでに幾度となく繰り返されてきた個々の絶滅現象には、絶滅種とほかの生物種との関係で引き起こされたものがあったでしょう。きっと生き残りをかけたほかの種との争いに敗れ、絶滅していった種もいたはずで、ほかの種を絶滅に追いやった種はヒトだけではないと考えるほうが自然です。しかし、ヒトが原因となっている現在進行中の絶滅は、規模の大きさがそれらとは異なります。たった一つの種がこれだけ多くの種の絶滅の原因となっているのは、地球の歴史上で初めてのことです。

以上より、「現在起こっている絶滅は自然の一過程と位置づけられる」という前提は間違っており、これを理由に〈絶滅は自然の摂理論〉は誤りと結論できます。

本章の最初に紹介した学生は、現在が大量絶滅期にあることも、現在進行している大量絶滅の規模の大きさも、その原因がヒトにあることも知りませんでした。〈絶滅は自然の摂理論〉は、知らなかったがゆえにできた主張だったのです。

私が講義で以上の事実を説明すると、学生たちの顔がみるみる青ざめていくのがよくわかります。学生は、いかに自分がひどいことを言ってしまったか、瞬時に理解するのです。これらの事実を知ったうえで、自分の主張を改めて考え直すと、それはあたかも、人を殺めてしまった者が、

❗〈トキ・パンダ問題〉への解答例Cの言い換え

「そうカリカリするなよ。どうせ誰だっていずれは死ぬんだから。死期を少し早めてやっただけだろ」

と開き直って言っているようにも聞こえてしまうからです。

問題提起：強い種が弱い種を絶滅させるのは自然の摂理か？

ただし、ヒトが原因となり大量絶滅が進んでいるという事実を突きつけられても、もしかする

と、次のようにして〈絶滅は自然の摂理論〉を維持しようとする人もいるかもしれません。

人間も自然の一部論

「人間は神じゃありません。自然の一部です。だから、人間が引き起こす絶滅だって、自然の過程の一部と考えるべきです」

たしかにこの主張には一理あります。しかし、だとしても、ほかの種を絶滅に追いやっている当事者であるヒトは、この状況を容認してよいのか、しっかりと考える必要があるでしょう。つまり、ヒトがほかの多くの種を絶滅に追いやることを許容するだけの、筋の通った〝理由（言い訳）〟が必要だということです。もしかすると、次のような主張は、その理由になりえるかもしれません。

弱肉強食論

「そもそも、自然界ではつねに、弱い者が淘汰され、強い者が生き残る、弱肉強食の原理が働いているはずです。たまたまヒトが強い生き物だっただけであって、

「それによって、ヒトより弱い生き物たちが絶滅に追いやられていることは、至極当たり前のことにすぎません。だから、依然として生き物を保全する必要はありません」


この論では、たとえほかの生き物を絶滅に追いやったとしても、ヒトには非がないと考えています。たしかに、自然界に弱肉強食の原理が働いているのならば、この主張を受け入れなければならないでしょう。しかし、この主張には大きな疑問も横たわっています。それは、自然界は本当に弱肉強食の原理で動いているのか、という疑問です。

〈弱肉強食論〉は、生物の保全を議論する際にしばしば登場します。そして、私自身もしっかりと検討する価値がある論だと思っています。この論については第3章でくわしく議論しましょう。

しかしその前に、人類がもたらしてきた生物の絶滅の歴史を振り返りたいと思います。というのも、人間活動と生き物の絶滅との関係を知ることは、生き物の保全を考えるうえでとても重要だからです。次章では、どのような人間活動がほかの生き物を絶滅に追いやってきたのか紹介します。

第2章
ヒトがもたらした絶滅の歴史

過去を語るテクニック――まるで見てきたかのように

私は生き物と環境の関係を研究する生態学者です。研究対象は熱帯雨林や照葉樹林と呼ばれる森林域で、そこに生きる生き物たちが日々どんな生活を送っているか、などについて考えを巡らせています。

たとえば、森の中に生えている巨木を見つけると、「この木はいつからここに生えているのだろうか?」とか、「この木はいままでにどんな環境(の変化)を経験して、どうやってそれに順化し、乗り越えてきたのだろうか?」といったことに興味を抱きます。樹木の一生は一〇〇年を超えることも珍しくなく、巨木になるためには、数百年かかることもあるでしょう。屋久島に生えるスギは高齢なことが知られますが、とくに樹齢が一〇〇〇年を超すスギの木がヤクスギとして有名です。つまり、私は一〇〇年から数百年、あるいは一〇〇〇年を超える命について考えたりするわけです。

ときには、この森はいつからこの姿をしているのだろうかといった、より大きな疑問をもつこともあります。森に生えるなんの変哲もない木一本一本の寿命はたかだか一〇〇年くらいでしょう。しかし、これらの木が世代を交代しながら、一〇〇年よりずっと長いあいだ、森林景観は保たれます。もしかすると一万年以上のあいだ、その姿を維持している森もあるかもしれません。

私の研究者人生など、たかだか数十年です。そんな私が、一万年以上の森の歴史を観察しつくせるわけがありません。種子が芽生えてから巨木になるまでの数百年間でさえも、すべてを観察することはできません。

みなさんには、人の寿命の何倍もある木々の一生や森の歴史を考証することは、雲をつかむような話に聞こえるかもしれません。しかし、私はそれでもなお、森に生える木々がいかなる一生を送り、森の景観がいかに維持されてきたのか知りたいのです。そして、そのために森に入り、得られるだけの情報を得る努力をしています。それぞれは断片的でしかない情報も、多くを入手し組み合わせていけば、点が線となり、線が面となるように、やがて木々の、そして森の歴史を明らかにできると信じています。森林生態学の研究は、まさにこうした方法で進められているのです。

見たこともない歴史を語るわけですから、研究開始時は舌がもつれたようなたどたどしい語り方しかできません。しかし、多くの情報を集め、それをもとに熟考していけば、いずれは「この木の一生はこんなふうだったはずだ！」という答えにたどり着くことができます。原理的には観察しえない過去の出来事であっても、自信をもって、まるで見てきたかのごとく説明できるようになります。そして、こうした説明を聞いたとき、私たちは「そうだったのか！」と納得するのです。

こうしたアプローチは何も、生物学にかぎったものではないでしょう。化学や物理学といった学問分野でも似たようなものかもしれません。

たとえば、かの有名な物理学者、アルベルト・アインシュタインの研究について考えてみましょう。アインシュタインは自ら構築した相対性理論から、重力波が存在することを演繹（経験に頼らず、論理的に結論を導き出すこと）しました。しかし、当時の科学者は重力波を観察する術《すべ》をもっていませんでした。アインシュタインの演繹からおよそ一〇〇年後の二〇一八年、ようやく重力波が実際に観測されました（ニュースをご記憶の方も多いと思います）。重力波は人の目には見えません。感じることもできません。そのような重力波を、物理学者はさまざまな工夫で〝見える化〟し、まるで実際に目にしたかのごとく説明します。そして、まるで自分の目で見たかのごとく説明できるようになったとき、科学者はその対象（重力波）を理解したと感じるのです。

書物に残されていない歴史

さてこれから、ヒトという種の歴史を、とくにヒトがほかの生き物にどれだけ影響を与えてきたかという視点で眺めていきます。

ヒトの歴史ならば、書物を紐解くことで遡れそうですが、この方法には限界があります。人類が文字を使用しはじめたのは意外と最近で、いまから約五〇〇〇年前のことです。つまり、これより古い出来事を知るには、書物に頼ることはできないのです。ヒトという種が誕生した精確な時期はわかっていませんが、いまから二〇万年ほど前だと考えられています。だとすると、ヒトの歴史のほとんどは、文字を書きはじめる以前の出来事で構成されているということになります。

文字を使用しはじめる前の歴史を〝見える化〟するのは、もちろん骨が折れる作業です。しか

ヒトの歴史

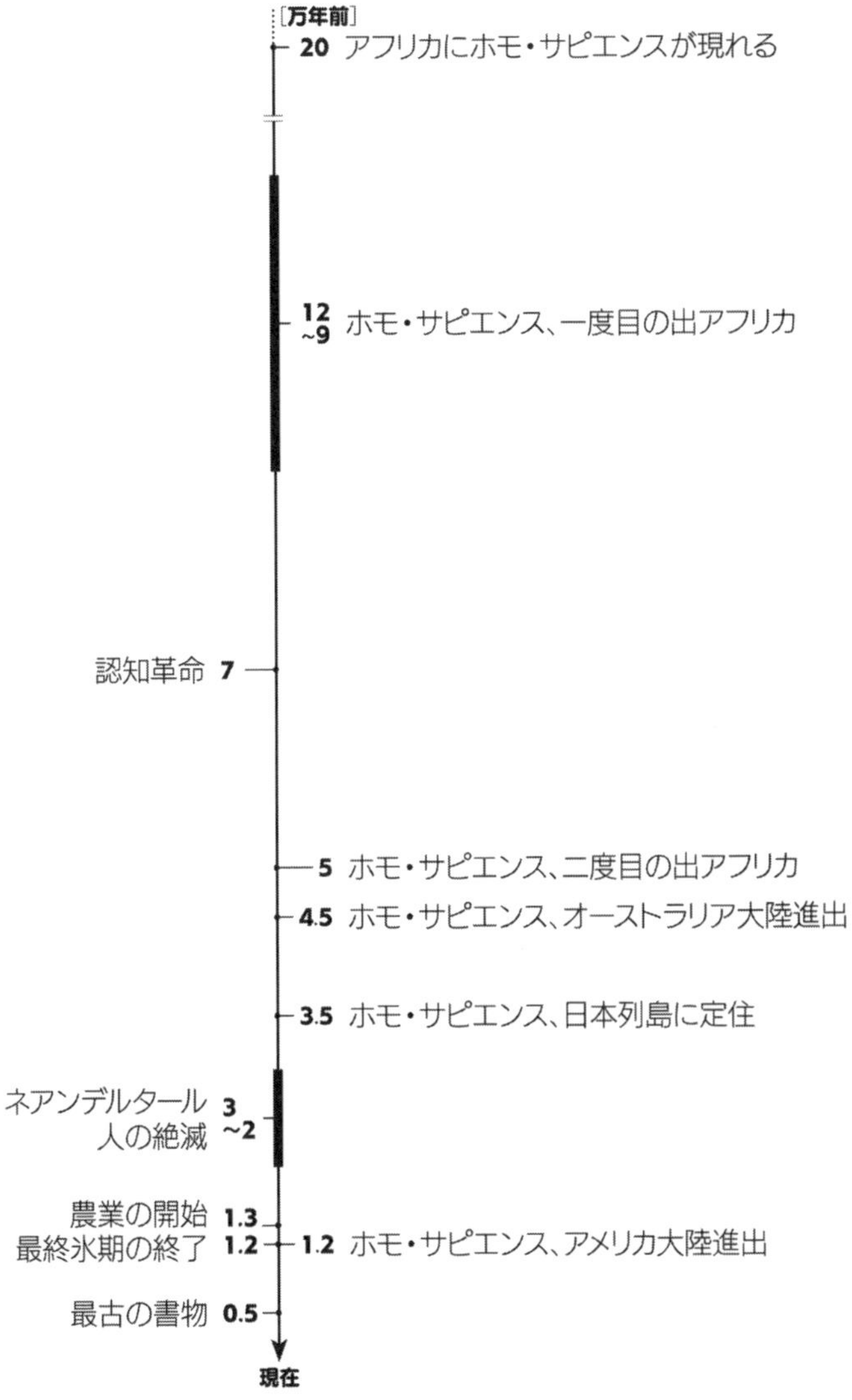
[万年前]
20 アフリカにホモ・サピエンスが現れる
12~9 ホモ・サピエンス、一度目の出アフリカ
認知革命 7
5 ホモ・サピエンス、二度目の出アフリカ
4.5 ホモ・サピエンス、オーストラリア大陸進出
3.5 ホモ・サピエンス、日本列島に定住
ネアンデルタール人の絶滅 3~2
農業の開始 1.3
最終氷期の終了 1.2
1.2 ホモ・サピエンス、アメリカ大陸進出
最古の書物 0.5
現在

し、化石や現在のヒトの体に残された遺伝的・身体的な証拠、遺跡や遺物などの考古学的な資料、地球科学的な知見を整理・統合すれば、科学的に蓋然性（もっともらしさ）の高い歴史を記述することができます。こうしたアプローチにより科学者たちは、ヒトの歴史を再構築し、まるで見てきたかのように語ることに成功してきました。

それでは、科学が明らかにした人類の歴史を紹介しましょう。

ヒトの起源と世界進出

ヒトはいつ、どこで生まれた？

ヒトが生まれる以前にも、ヒト属の別種は生きていました。たとえば、アフリカやヨーロッパの約五〇万年前の地層から、ヒトのものとそっくりな頭蓋骨の化石が見つかっています。とはいえ、それらの化石には、成人のものであるのに脳の容量が明らかに小さいなど、ヒトとはっきり区別できる特徴もありました。そのため、ヒト属のべつの種と考えられていて、ハイデルベルク人（ホモ・ハイデルベルゲンシス）と名づけられています。

明らかにヒトだ（私たち現代人と変わりがない）と言える最古の化石は、アフリカ東部のエチオピアで見つかった一九万五〇〇〇年前のものです。そして、この時期からおよそ五万年間のヒトの化石はアフリカ大陸でしか見つかっていません。こうした化石の証拠から、ヒトは遅くとも一九万五〇〇〇年前にはアフリカで生まれ、それから五万年間はアフリカにとどまっていた（アフリカから外へは出ていなかった）と考えられます。この時期のヒトはすべてアフリカ人だったということですね。

ではヒトはいつごろ、アフリカから世界へとひろがっていったのでしょうか？

ミトコンドリアDNA

ヒトの歴史を探るヒントになるのは化石だけではありません。現代人の体内にある遺伝物質（DNA）にも祖先の情報が隠れています。DNAをくわしく調べることでも、ヒトがいつごろどこで生きていたかを推定できるのです。DNAを用いて生き物の移動や分布の歴史を明らかにしようとする学問は、系統地理学とよばれています。まずは、系統地理学で重宝されるミトコンドリアやミトコンドリアがもつDNAの性質を説明します。

ヒトの体は六〇兆個もの細胞で構成されています。そして、それらの細胞一つひとつに、ミトコンドリアと呼ばれる細胞小器官（オルガネラ）があります。ミトコンドリアは酸素を用いる呼吸

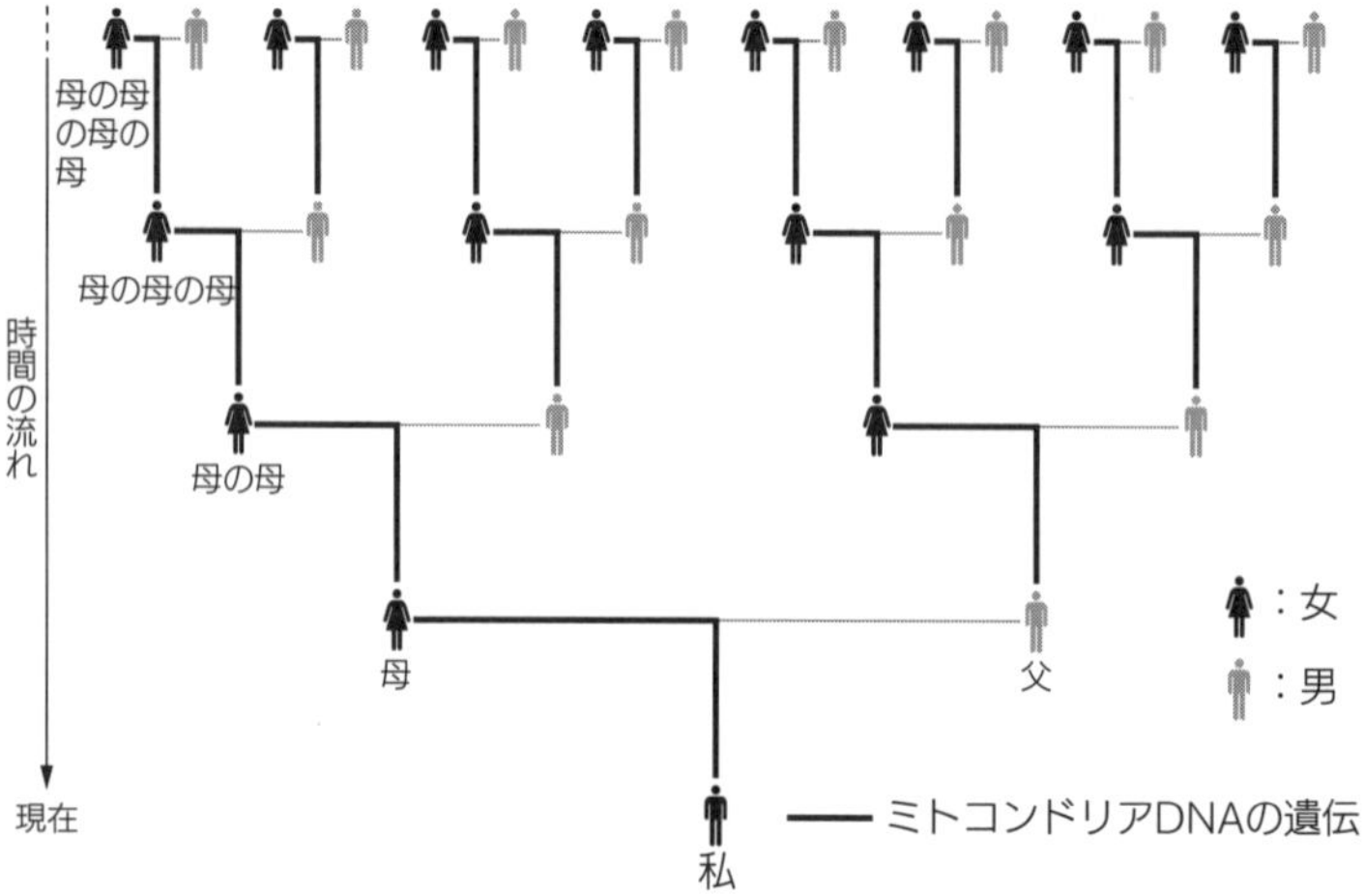

ミトコンドリアの母系遺伝：受精時、精子のミトコンドリアは消失し、受精卵は必ず卵（母親）のミトコンドリアを受け継ぐ。

（好気呼吸）に関連したはたらきをもちますが、
ここで注目したいのは、ミトコンドリアが独自にもつDNA（ミトコンドリアDNA）です。
ヒトの体をつくる六〇兆個の細胞はすべて、もとをただせば、たった一個の細胞——受精卵——です。受精卵は、母親由来の卵と父親由来の精子が受精してできる細胞で、二種類のDNAをもちます。すなわち、細胞小器官である核の中に収まっているDNA（核DNA）と、ミトコンドリアDNAです。このうち、ヒトの成長において設計図としてはたらくのは核DNAですが、その半分は母親由来で、残りの半分は父親由来です。しかし、これはミトコンドリアDNAには当てはまりません。
じつは、受精卵のミトコンドリアは必ず母親（卵）由来です。精子もミトコンドリアをもつ細胞ですが、精子の中のミトコンドリアは受精後すぐに消失してしまい、受精卵には受け継がれません。

ヒトの体をつくる細胞がもつミトコンドリアはすべて母親由来で、独自にDNAをもつ。この事実は、ミトコンドリアDNAをくわしく調べることで、母親から受け継いだ遺伝情報が得られることを意味します。さらに、母親は祖母から、祖母は曾祖母からミトコンドリアを受け継いでいるので、ミトコンドリアDNAを用いれば、母方の系譜について知ることができるというわけです。

一般にDNAとして伝わる遺伝情報は頑健で、あまり変化しません。かといって、まったく変化しないわけではなく、細胞分裂に伴いとても低い確率で変化することがあります。点突然変異といわれる現象です。点突然変異による遺伝情報の変化は不可逆的で、一度変化すると、もとに戻ることはまずありません。

これはミトコンドリアの遺伝情報にも当てはまります。卵細胞内のミトコンドリアDNAに点突然変異が起こることもあるのです。そして、点突然変異を起こしたミトコンドリアDNAをもつ卵が受精し、子ができれば、その変異が母から子に遺伝することになります。

ミトコンドリアDNAによる系統地理学——アフリカのイヴ

点突然変異は一定の速度で起こります。その速度を進化速度といいます。ミトコンドリアDNAの進化速度は、一〇〇万年で全体の約一パーセントが変化する程度だと考えられています。

ここで、異なるミトコンドリアDNAをもつ（つまり、異なる母から生まれた）同世代の二人を考えてみましょう。二人のあいだの遺伝的な差異は、それぞれの祖先に起こった点突然変異により生じたものです。点突然変異が一定の速度で起こることから、二人のミトコンドリアDNAの差異の大きさがわかれば、その差異が生じるのにかかる時間を見積もることができます。これはつまり、この二人へといたる各系統が共通祖先から分岐した年代がわかる、ということです。〝分子時計〟と呼ばれる考え方です。

分子時計の研究で初めて大きな成果が出たのは、一九八〇年代でした。人種も出身地も異なる二一人のミトコンドリアDNAの遺伝情報が調べられました。そして、二一人のあいだで観察された遺伝的な差異から、彼らが、三六万～一八万年前にいた一人の女性を共通祖先にもつことが示唆されました。この女性は、旧約聖書に登場する人類最初の女性になぞらえて〝イヴ〟と名づけられました。

一九八〇年代には、ヒトのミトコンドリアDNAを用いたべつの研究成果も報告されています。この研究では、さまざまな人種をふくむ一四七人のミトコンドリアDNAが調べられました。そして、この研究で用いられたのがコアレセント理論（coalescent theory、合祖理論）です。

コアレセント理論では、DNAを使って現在から過去へ時間を巻き戻します（祖先を遡ります）。時間を巻き戻していくと、現在分岐している系統が次々に融合し、最終的には一つの枝（共通祖先）にまとまります。たとえば、現代のイギリス人と日本人の祖先を遡っていけば、やがては共

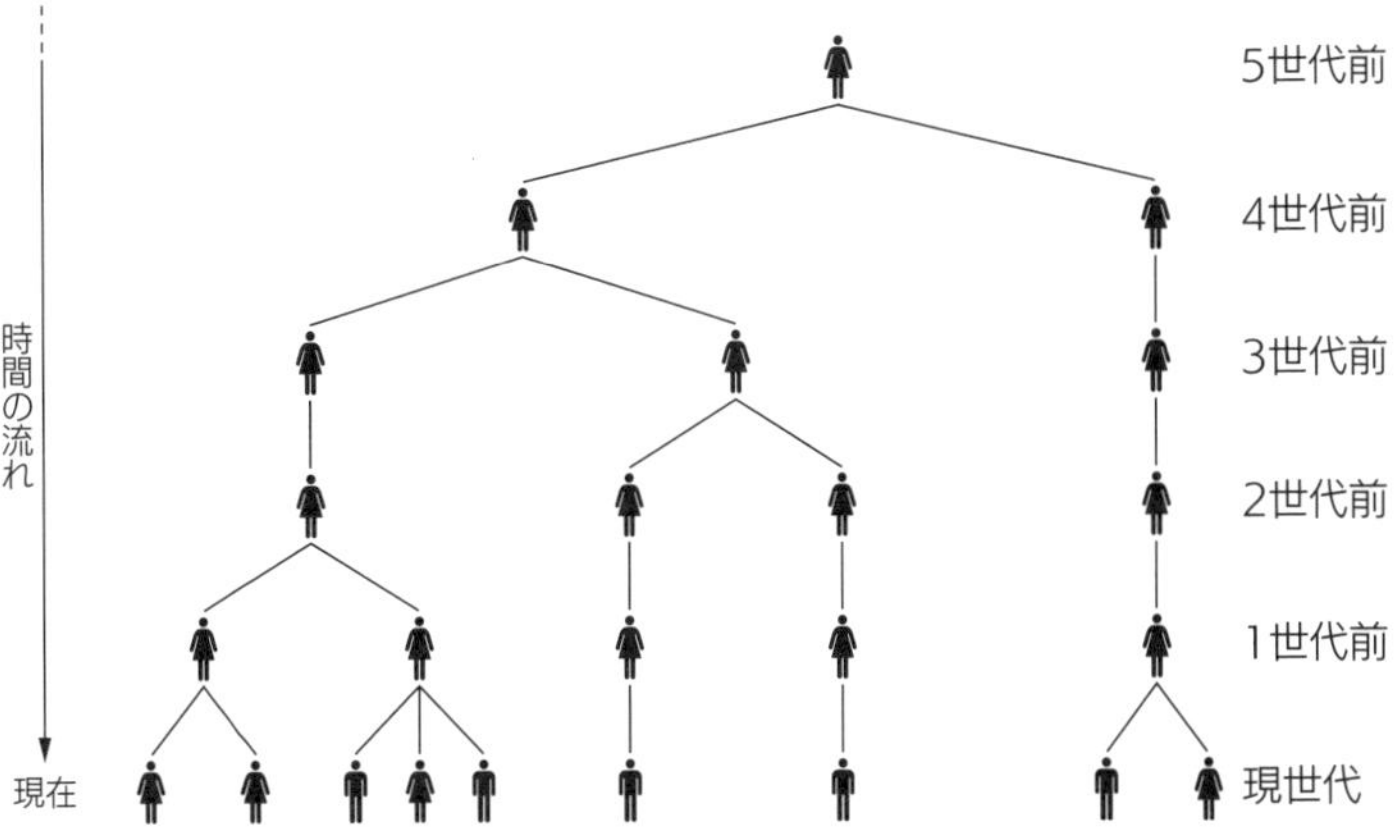

ミトコンドリアDNAを使って祖先を遡る：この図は、現世代の9人が5世代前の祖先を共有する場合を示す。

通祖先にたどり着くはずです。そこで、現在生きているイギリス人と日本人のあいだにある遺伝的差異の大きさから、その共通祖先がいまからどれくらい前に生きていたかを推定することができます。コアレセント理論ではふつう、コンピューターシミュレーションを用いて時間を巻き戻すことで共通祖先の推定をおこないます。この方法により、ミトコンドリアDNAの遺伝情報をもとにして、サンプルとなった世界中の一四七人を枝先とする系統樹が描かれました。そして、その系統樹を遺伝情報提供者の出身地と重ね合わせることで、ヒトの移動の歴史を明らかにしました。
その結果、ヒト全体の共通祖先はアフリカにいたものの、その子孫は最近二〇万年のあいだに世界中へ分布をひろげたことがわかりました。この共通祖先の推定は、ヒトの最古の化石がアフリカの一九万五〇〇〇年前の地層から発見された事実と矛盾しません。

系統地理学は当初、ミトコンドリアDNAを用いた解析を中心に進められました。ミトコンドリアDNAが、核DNAより扱いやすいなどのさまざまな特長をもつからです。たとえば、先に紹介した母性遺伝（母の遺伝情報のみが子へ受け継がれていく遺伝）しかしないミトコンドリアDNAを用いて共通祖先を推定することは、受精時に父方のDNAと母方のDNAが混ざり合ってつくる核DNAを用いた共通祖先の推定に比べ、ずっと簡単です。

しかし、ミトコンドリアDNAには、核DNAよりも小さいという欠点もあります（ミトコンドリアDNAは核DNAの一九万分の一の大きさしかありません）。これだけ小さいと、得られる情報量も核DNAよりずっと少ないのです（ミトコンドリアDNAと核DNAの利点と欠点のくわしい解説は専門的になりすぎるので、これ以上深入りせず、分子系統学や系統地理学の教科書にゆずります）。

核DNAによる系統地理学

最近では、核DNAの膨大な情報もうまく扱えるようになりました。実験技術とコンピューターの計算処理能力が向上したおかげです。そして、核DNAを用いたヒトの系統地理学的研究も進みはじめました。

核DNAによる系統地理学ではミトコンドリアDNAの場合と異なり、受精にともなうDNAのシャッフルを考慮しなければなりません。まずは、この点を解説しましょう。

すでに述べたとおり、受精卵の核DNAの半分は父親（精子）由来で、もう半分は母親（卵）に由来します。つまり、受精により父親の遺伝情報と母親の遺伝情報がシャッフルされるのです。このため、核DNAを用いて祖先を遡る作業は、母親由来のミトコンドリアDNAを用いる場合と比べて格段に複雑になります。

先に示唆したように、核DNAは、うまく用いることさえできれば大量の情報を与えてくれます。これは、核DNAを利用する系統地理学がミトコンドリアDNAによる系統地理学に大きく勝るポイントです。たとえば、核DNAの遺伝情報を用いれば、ミトコンドリアDNAを用いたときよりも詳細なコアレセント解析が可能になります。

そして実際に、ヒトの核DNAを用いたコアレセント解析もおこなわれました。この結果は、ヒトの一部が約五万年前にアフリカを出て、世界各地に分散したことを高い精度で示しました。どうやらこの時期に、ヒトは世界各地にひろがりはじめたらしいのです。

次項では、ヒト（の一部）がアフリカを出て、世界にひろがっていく様子を化石の記録にもとづいて紹介します。

二回の出アフリカ

現在、ヒトは地球上のいたるところで生活しています。これだけ広範に分布する種は、現生する種の中ではヒト以外に存在しません（ヒトに連れられて分布を拡大したであろうイヌやネコ、家畜は除きます)。ヒトはどのようにして世界中に分布をひろげたのでしょうか?

一九万五〇〇〇年前の最古のヒト化石がアフリカ(エチオピア)で見つかったのは前述のとおりですが、その後の時代のヒト化石がどのように分布しているかが参考になります。一九万五〇〇〇~一五万年前のヒト化石はすべてアフリカで見つかっています。このことから、この時期、ヒトはアフリカの外には進出(定着)しなかったと考えていいでしょう。

もうすこし新しいヒト化石は、アフリカの外でも見つかるようになります。アフリカ外で発見されたもっとも古いヒトの化石は、いまから一二万~九万年前のものです。その産出地はレバント地方(レバノンのあたり)で、およそ一〇万年前までにヒトはアフリカの外へと分布を拡大していたことがわかります。

しかし、その後しばらくは、ヒトの分布はあまりひろがりませんでした。というのも、この年代に一時的にレバント地方からヒトの化石が見つかるだけで、そのあと数万年間は、ヒトがアフリカの外で暮らしていた形跡がまったく見つからないのです(レバント地方からも姿を消していたようです)。アフリカ外で見つかるより新しいヒトの化石や遺物は、古くても五万年前のものです。これは、核DNAによるコアレセント解析が示した、ヒトがアフリカ外へ分布をひろげた時期と一致します。

以上の化石の記録は、一二万~九万年前にアフリカを出てレバントに到着したヒト集団がいたものの、そこでの長期の定着や、さらなる分布の拡大にはいたらなかったことを物語っています。分布拡大を阻んだ原因は何だったのでしょうか？　乏しい記録しか残されていない、数万年前という時代の考証は困難を極めます。しかし、断片的な情報から、分布拡大を阻んだ原因がおぼろげながら明らかにされつつあります。

ヒトがレバントから一時的に姿を消した時期（約九万〜五万年前）はちょうど氷期に当たります。つまり、地球全体で大きな気温の低下が起きていました。もしかすると、当時、アフリカの外に出たヒトは気温の急激な低下にうまく適応できなかったのかもしれません。この考えを〝気候変動説〟と呼びます。

気候変動説のほかにも有力な考えがあります。すでにレバント地方に住みついていたヒト属のべつの種、ネアンデルタール人（ホモ・ネアンデルターレンシス）との競争に敗れ定着できなかった、というものです。この考えを〝ネアンデルタール人説〟とします。ヒトよりも体の大きかったネアンデルタール人のほうが、ヒトより（寒さに）強かった、あるいは、先に住み着いていたネアンデルタール人のほうが、ヒトより環境を熟知しており、うまく生活ができたのかもしれません。

気候変動説とネアンデルタール人説のどちらも正しい可能性もあります。つまり、気候変動で弱ったヒトにネアンデルタール人との競争を生き抜く力はなかったという考えです。もちろん、私たちがまだ気づいていない主要因が存在していた可能性もあります。いずれにせよ、ヒトの最初のアフリカ外への分布拡大は失敗に終わりました。

ヒトの二度目のアフリカ外への進出は、いまから五万年ほど前のことでした。今回は前回とは様子がかなり異なり、アフリカを出てレバントに達したヒトは急速に世界中へとひろがっていきました。一方、ネアンデルタール人は三万～二万年前に絶滅しています。

レバントに進出したヒトはその後、大きくふた手に分かれて分布を拡大しました。一方はアジアへ、もう一方はヨーロッパへ向かったのです。驚くことに、アジアへ進んだ集団は航海術を身につけ、四万五〇〇〇～四万年前にはオーストラリア大陸に上陸しています（そのくわしい時期については、依然として議論の的になっています）。この時代のヒトは、一度目（およそ一〇万年前）の出アフリカの際にはうまくいかなかった世界各地への分布拡大を、なぜ達成できたのでしょうか？

何が世界進出を可能にしたのか？

イスラエルの人類学者ユヴァル・ノア・ハラリは、ヒトの世界進出を可能にしたのは、当時のヒトに起こった認知能力の革命的な進歩（認知革命）だと考えています。認知とは、生き物のある個体が外界の任意の対象を解釈する過程を指します。つまり、外界の対象を知覚した後、経験や知識にもとづく思考・考察・推理などによりそれが何なのかを解釈するまでの、複雑で幅広い過程のことです。

認知能力には、さまざまな能力がふくまれています。ですから、認知革命という言葉だけでは、ヒトのどんな能力が向上したのか釈然としないところがあります。しかし、ハラリは認知革命という言葉の意味を、「ヒトに生じた新しい思考と意思疎通の方法の進歩」と限定しています。

より具体的には、目の前にいない人・ものについて想像したり、概念的な存在を想像したりする能力の獲得を指しました。この能力を獲得したことで、ヒトは思考法と意思疎通法においてほかの生き物と一線を画す活動をおこなうようになったというのです。

私たちは、目の前にいない人や存在しないものを話題にすることができます。たとえば学校を休んだ友達のこと、死んでしまったおじいちゃんのこと、夕べ食べたご飯のこと、……なんの苦もなく話題にしています。目の前にいない人や存在しないものを想像し話題にすることは、当たり前すぎて、それが特殊な能力だということに気がつけないほどです。しかし、ヒト以外のどんな生物も、その能力をもたないようなのです。

ヒトの認知能力がほかの生物とくらべて圧倒的に優れていることを、コミュニケーション能力（＝言語能力）を例に説明しましょう。

音声コミュニケーションをとる動物はヒト以外にもたくさん知られています。とくに、ヒトをふくむ霊長類は音によるコミュニケーションに長けています。中には、まるで単語のように対象を呼び分けているものさえいます。その例を紹介しましょう。

アフリカのサハラ砂漠の南に位置するサバンナで群れをつくって生活をするベルベットモンキー（サバンナモンキー）は、独特の鳴き声を発することで知られていました。アメリカの霊長類学者、ロバート・セイファースらがベルベットモンキーの声を詳細に分析したところ、このサルはヒョウ、猛禽類、ヘビ――いずれも天敵――に対応した警戒コールを発し分けていることが明ら

ベルベットモンキー：アフリカに棲息する霊長目（霊長類）。天敵の種類に対応した警戒コールを発し分け、聞き分ける。［提供：AGE/PPS 通信社］

かになりました。

　それらの脅威が群れに近づいていることに最初に気づいた個体が、脅威の種類と対応した警戒コールを発するのです。警戒コールを聞いた同じ群れのほかの個体たちは、コールの種類（つまり、脅威の種類）に応じた特定の行動をとります。ヒョウの警戒コールを聞けばいっせいに木を駆け上がり、猛禽類の警戒コールを聞くと空を見上げ、ヘビの警戒コールでは後ろ足で立ち周囲を見渡すのです。ベルベットモンキーは三種類の警戒コールを発し分け、それらを聞き分けているのです。

　これらの警戒コールはヒトの言語の単語にあたると考えられます。しかし、ベルベットモンキーの警戒コール音が単語として機能するのは、その音が意味する存在（天敵）が周囲にいるとき、もしくはそのように想定されるときだけです。つまり、目の前にヒョウがいる場合にだけ、ベルベットモンキーはヒョウの警戒コールを発し、それを聞いたほかのベルベットモンキーは、いま、近くにヒョウがいると判断するのです。警戒コールには、これ以上のはたらきはありません。ということは、ベルベットモンキーは「昨日来たヒョウは恐ろしかったねぇ」という会話をすることはできないのです。きっと、「昨日来たヒョウ……」の〝ヒョウ〟の音が聞こえた瞬間に、みないっせいに木を駆け上がってしまうことでしょう。

目の前にいない人や存在しない物を話題にできるだけのコミュニケーション能力をもつ生き物はヒトだけです。そして、このレベルのコミュニケーションを可能にしているのが、高い認知能力なのです。

認知革命の恩恵

認知革命により、ヒトは統率のとれたより大きな集団をつくり、見知らぬ者どうしでも協力することができるようになりました。たとえば、「きみからは見えないと思うけど、この岩の向こう側に獲物がいるよ」「じゃあ、挟みうちにしよう」という情報の伝達は、高い認知能力をもたない者にはできるはずもありません。そして、こうした情報伝達が可能ならば、戦闘や狩りにおいてより高度な作戦がとれることは想像に難《かた》くないでしょう。

また、認知革命により、「あの人はいま何を考えているのだろう?」と他者の心理を思い測ることも得意になりました。いわゆる「空気を読む」能力の向上です。上手に空気を読めるようになったヒトは、仲間が欲していることを予想し、それに合わせて行動をとることができるようになりました。この能力が、かゆいところに手が届くほどにレベルの高い協力を可能にしたのです。あるいは、敵対者を出し抜くこともできるようになったでしょう。

もしかすると、ネアンデルタール人にはヒトほどの情報伝達能力や他者の心理を推測する能力がなかったのかもしれません。

ただし、ネアンデルタール人の認知能力の高さをほのめかす知見も得られています。認知能力とは切っても切れない、言語能力に関する知見です。ドイツにあるマックス・プランク進化人類学研究所のチームは、スペインで見つかったネアンデルタール人の骨からDNAを採取することに成功し、その解析により大発見をなし遂げました。ヒトの言語能力と関連することがわかっている遺伝子*FOXP2*（ヒトの言語能力と初めて直接関連づけられた遺伝子。この遺伝子に異常をもつ人はうまく話せない）を、ネアンデルタール人ももっていたことがわかったのです。

ネアンデルタール人も*FOXP2*をもっていたのですから、彼らがヒトと同等の言語能力をもっていた可能性は否定できません。もしかすると、ネアンデルタール人もヒトに匹敵するほどの高い認知能力をもっていたかもしれないのです。

とはいえ、ヒトの言語能力がこの*FOXP2*だけで決定されているわけではありません。むしろ、ほかにも多くの遺伝子が関連していると考えるほうが自然です。ネアンデルタール人の言語能力を評価するには、ほかの（未知の）遺伝子をふくめた総合的な知見が必要です。つまり、ネアンデルタール人もヒトと同じくらい上手に会話ができたのかを知るためには、ヒトの言語能力に関連する遺伝子探しを、まだまだつづける必要があるということです。ヒトとネアンデルタール人のあいだの認知能力の差を結論づけるためには、さらなる研究成果が待たれます。

さて、認知革命がヒトの中でどのように起こったかは定かではありません。しかし、生物学者は、ほかのあらゆる遺伝する形質（姿かたちや生まれもった性質を指す）と同じように、ヒトの認知能力が進化してきたと考えています。つまり、偶然誰かに生じた点突然変異により、その個体に認知革命が起こり、繁殖によりその突然変異が集団にひろまったことで、ヒト全体に認知革命が起こったということです。

先にも述べたとおり、ヒトの認知革命に直接かかわった遺伝子群が特定されているわけではありません。しかし、認知能力と切り離せない言語能力が遺伝子の影響を受けていることは、FOXP2を例に紹介したとおりです。このことから考えると、認知革命が自然選択により起きたという話も、あながちデタラメとは言い切れません。

認知革命後のヒトは、ほかの生物にとっての問題（脅威）になりました。高い認知能力が可能にした高度な共同作業は、ヒトを恐ろしいハンターに変えたのです。そして、断言はできないものの、ヒトのハンティングにより多くの獣が絶滅してしまったようです。次節で、この考えを支持する状況証拠を紹介しましょう。

2-2 ヒトは悪気のない死神か？

ヒトの拡散とメガファウナの絶滅

ヒトが分布をひろげていくと、各地でヒトが到達した直後に多くの生き物たちの絶滅が起こりました。このとき姿を消した種のほとんどは、メガファウナと総称される大型の獣です（メガファウナはおおむね、成獣の体重が四四キログラムを超える獣を指します）。

メガファウナの最初の絶滅は、八万〜四万年前にかけてアフリカ大陸で起こりました。アフリカ大陸にはいまでもサバンナゾウ、マルミミゾウ、数種のキリンやライオンなど、豊富なメガファウナが残っています。しかし化石の記録を見ると、かつてのアフリカ大陸にはいまより多様なメガファウナが生息していたこと、そしてその一四パーセントほどの種がこの時期に消えたことがわかります。オオイノシシやオオツノスイギュウ、オオヒツジなどが絶滅してしまいました。

つぎにメガファウナの絶滅が起こったのは、三万〜一万年前のヨーロッパです。前節で見たように、ヒトが二度目にレバントに定着したのが約五万年前で、その後ほどなくしてヨーロッパにまで分布をひろげました。ヨーロッパでメガファウナが絶滅したころには、ヒトはすでにその地

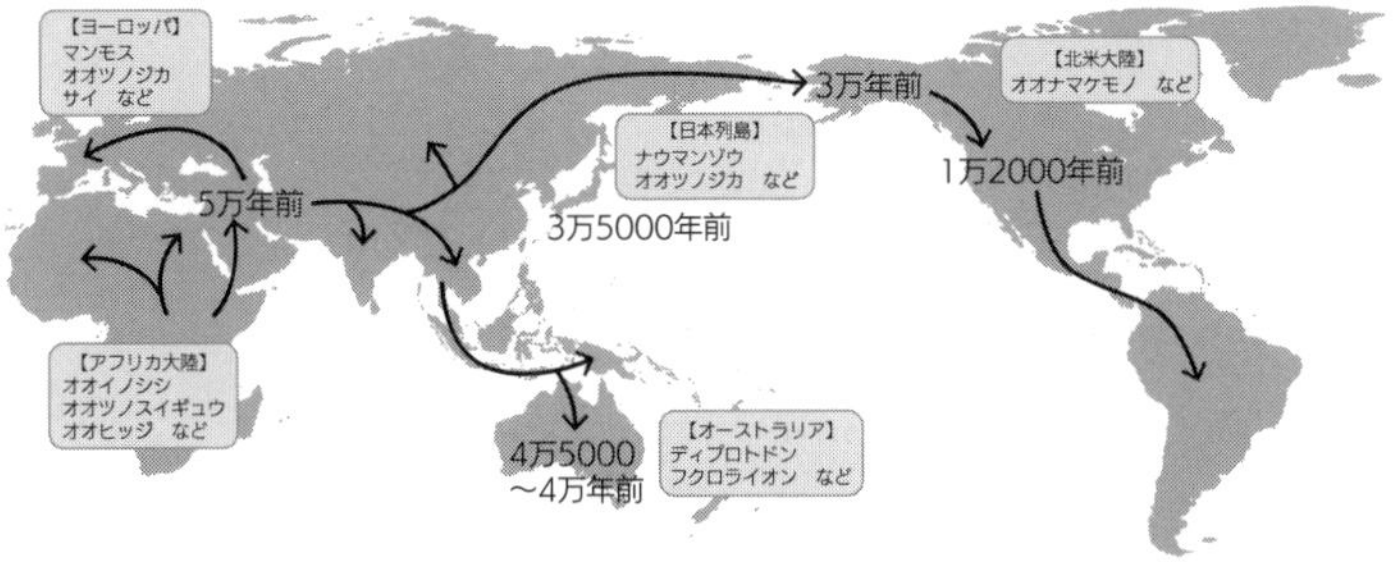

ヒトの分布拡大とメガファウナの絶滅：東アフリカで誕生したヒトは、矢印で示したようなルートをたどって世界各地へ到達したと考えられている。地図上の数字は各地に初めてヒトが到達した年代（推定）。四角の中に示したのは、ヒトが到達したのちに各地で絶滅したメガファウナの名前。

に定住していたということです。ヨーロッパで絶滅したメガファウナの代表例はマンモスやオオツノジカ、サイ（複数種）などです。この当時、ヨーロッパにいた二四種のメガファウナのうち一五種が絶滅したと見積もられています。

遅くとも三万五〇〇〇年前には、ヒトが日本列島に渡っていたことも知られています。その証拠は、この時代の地層から出土する旧石器時代の遺物です。そして、ヒトが渡来したあとの日本列島では、ナウマンゾウやオオツノジカなどのメガファウナの絶滅が起こりました。

ヒトがオーストラリアに移住したのは四万五〇〇〇～四万年ほど前だと考えられています。当時のオーストラリアは、有袋類に代表される独特で豊かな動物相を蓄えていて、二二種ものメガファウナが生息していました。ところが、現存する種はたった三種（アカカンガルー、オオカンガルー、エミュー）だけです。残りの一九種は、ヒトがオーストラリアにたどり着いたあとに絶滅しています。この時期に絶滅した有袋類として、体重二〇〇キログラムを超える巨大なカンガルーや、体重が二五〇〇キログラム（＝二・五トン！）もあるウォンバットの仲間（ディプロトドン）などの草食獣や、ライオンほどの大きさの肉食獣、フクロライオンを挙げることができます。

北米大陸でもメガファウナの絶滅は起こりました。ヒトが到着したすぐあとのことです。

ヒトの北米大陸到達は、三万年ほど前のことのようです。ヒトの新大陸上陸自体は、当時それほどむずかしくなかったかもしれません。このころは非常に寒冷な氷期にあたり、高緯度域で氷河・氷床が発達していました。このため、陸上に固体としてとどまる水の量がいまより多く、海水準が低下（海退）していました。海退により、現在はシベリア東北部とアラスカ北西部を隔てているベーリング海が消失していたようです。当時、ヒトは歩いてシベリアからアラスカへたどり着けたのです。ただし、地つづきで歩いて渡れたといっても、氷期の北極圏の厳しい寒さに耐えなければならなかったので、北米大陸到達が簡単だったわけではありません。

なにはともあれ、三万年ほど前のヒトは陸路で北米大陸の北西の端に到達しました。しかし、こうしてたどり着いた北米大陸にひろがっていたのは理想郷ではありませんでした。現在のアラスカからカナダにかけて氷河が延々と覆っていて、ヒトはそこを通り抜けることができなかったのです。

結局、ヒトが新大陸で分布をひろげたのは、氷期が終了した約一万一六〇〇年前以降のことでした。このころになると、大陸北部の氷河が後退しはじめていました。そして、大陸の南部へ延

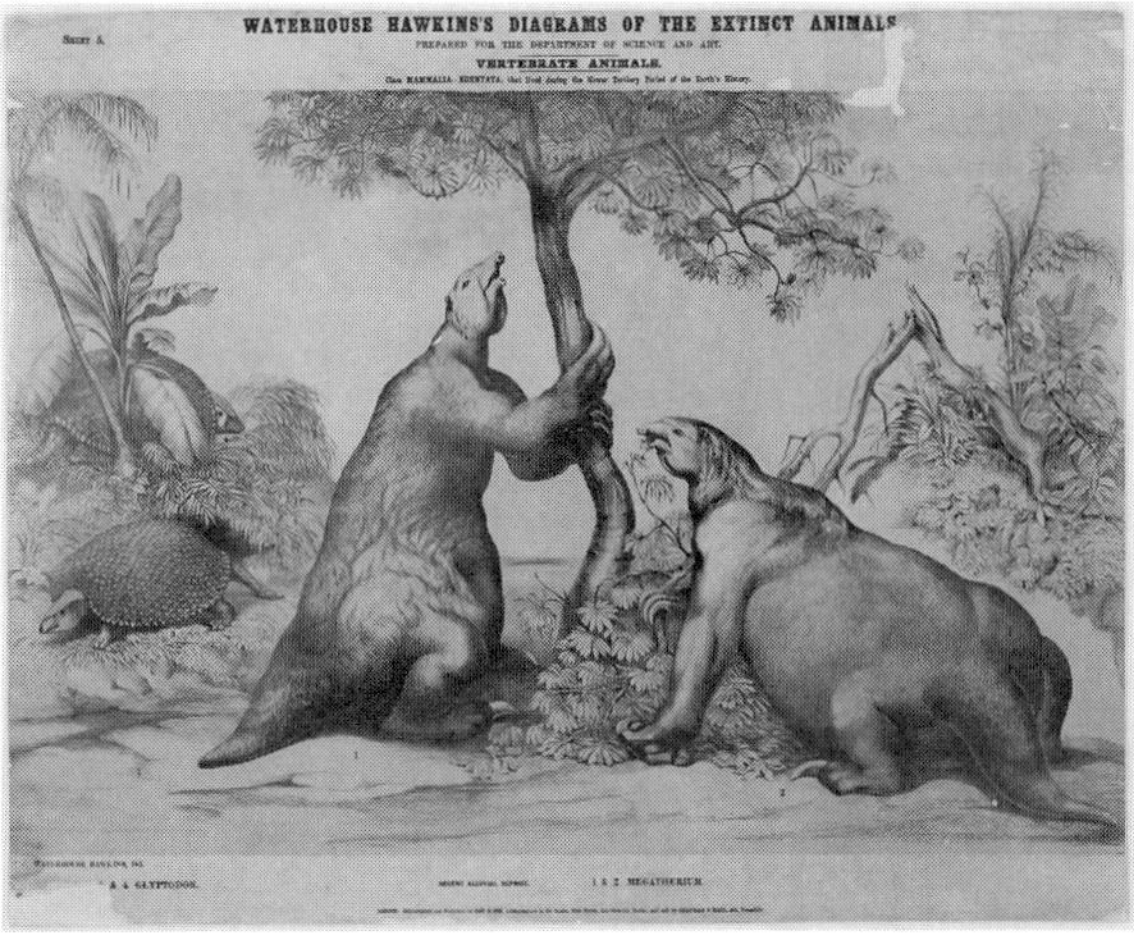

オオナマケモノ：想像図。かつて北米大陸に棲息していたメガファウナ。体重が最大で8000kgにもなったと考えられている。北米大陸にヒトがやってきたタイミングで絶滅した。［提供：Mary Evans/PPS通信社］

びる〝回廊〟が出現したのです。ヒトはここを通って北米大陸をひろがりました。

この北米大陸におけるヒトの拡散と、そこでのメガファウナの消失の時期もよく重なります。典型的な例はオオナマケモノです。体重が最大で八〇〇〇キログラムにもなったオオナマケモノは、ヒトがやってきたタイミングで絶滅しています。同じころ、北米大陸に生息していたメガファウナの七〇パーセントを超える種が姿を消しました。

振り返ると、ヒトがもっとも長く生息しているアフリカでは、ほかの大陸と比べてメガファウナの消失率が小さいことに気がつきます。体重が一〇〇〇キログラムを超えるメガファウナは、ヒトの移住後にオーストラリアや北米大陸ではすべて姿を消しましたが、認知革命以前からヒトの生息地であったアフリカでは現在も、ゾウやサイ、カバなど、体重が一〇〇〇キログラムを超えるメガファウナが生きています。
推測の域を出ないものの、もしかすると、ヒトは認知革命の進行とともに、数千年あるいは数万年かけてじわじわとハンティングの技術を向上させていったのかもしれません。そうだとすると、アフリカのメガファウナは当時、ヒトのハンティングの上達を目の当たりにしていたでしょう。このあいだに、アフリカのメガファウナは（認知革命前は取るに足りなかった）ヒトの恐ろしさを学習し、認知革命後のハンティング技術に適応することができたのかもしれません。要するに、彼らには、ヒトという脅威に対して準備するだけの時間的な余裕があったということです。一方で、高度なハンティング技術を携えたヒトが突然現れたアフリカ外の地域では、メガファウナはその脅威に適応する間もなく、急速に絶滅してしまったのかもしれません。
地球上の各地で繰り返された絶滅の歴史から一般則を導き出す（この思考方法を〝帰納法〟と呼びます）と、次の結論に達します。

「ヒトが現れると、メガファウナが絶滅する」

この結論は、メガファウナの絶滅の原因がヒトにあることを強く示唆します。

個体数を維持する方法

ヒトがメガファウナの絶滅の原因になったことを示唆する状況証拠をどれだけ突きつけられても、依然として次のような謎は残ったままでしょう。

> 「認知革命により共同作業（狩り）が上手になったといえ、そのころのヒトが使えた道具（武器）はせいぜい石器ぐらいだったはずです。本当に、その当時のヒトに、メガファウナを絶滅に追いやるだけの力があったのでしょうか？」

この疑問に対しては、生物学者は「追いやるだけの力があった」と積極的に答えられます。生物学者からすれば、その当時のヒトがメガファウナを絶滅に追いやったのだとしても、なんら違和感はないのです。この点を説明するために、生き物の種が個体数を維持する方法を紹介します。

そもそも、ある種に属する個体数は、時間とともに変動するものです。いまいる個体の一部が死亡し、その一方で新しく生まれてくる子がいますが、両者の数が釣り合わないことがあるためです。もし、死亡する個体数より生まれてくる子の数のほうがつねに少ない種がいたならば、その種の個体数は時間とともに減少するので、やがて絶滅してしまうことは確実です。つまり、ある種が将来個体数を維持できるかどうかは、現時点での個体数よりむしろ、死亡する数と生まれてくる数のバランスのほうが重要なのです。このことを、銀行口座の預金額になぞらえて説明しましょう。

この場合、給料などとして銀行口座に振り込まれる額が生まれてくる子の数、生活費などとして口座から引き出される額が死亡する個体数、預金額がその時点で生きている個体数に相当します。そして、預金額がゼロになったとき、つまり破産したときが絶滅に当たります。ただし、利息はないものとします。

景気よく散財する人がいるかもしれません。しかし、だからといってその人が必ず破産するともかぎりません。使ったぶんと同じだけの身入りがあれば、預金額は維持されるからです。反対に、たとえ少しずつしか預金を切り崩さなかったとしても、入金がまったくなければ、やがて破産します。現在の預金額がどれだけ多くても、入金がまったくなければ破産の運命は避けられません。結局のところ

入金（生まれてくる子の数）＜出金（死亡する数）

ならば、現在の貯金額（現在の個体数）に関係なく、やがては破産（絶滅）するのです。

以上のたとえ話から、絶滅の可能性は、もともとどれだけの個体数がいたかとはまったく独立した問題であることを再確認できるでしょう。

二つの戦略――多産多死と少産少死

前項で、個体数の維持においては、生まれてくる子の数と死亡する個体数のバランスが重要であることを理解しました。ここでは、生き物が絶滅を防ぐ、すなわち個体数を維持するための二つの典型的な戦略を紹介します。

ひとつ目は、死亡数にはこだわらない（多くの個体が死んでしまうリスクを許容する）けれども、できるだけ出生数を高める（たくさんの子どもを生む）というものです。どんなに多くの個体が死亡したとしても、それと同等の出生数があれば、絶滅を回避できます。こうした戦略は、生物学では〝多産多死〟と呼ばれています。

この戦略を採用している代表例は、カエルです。カエルは成体になるまで（タマゴやオタマジャクシでいるあいだ）に多くの個体が捕食されてしまいます。カエルのタマゴやオタマジャクシはザリガニ、ヘビ、タガメ、その他の多くの生き物に狙われているのです。カエルは死亡率が高い種といえます。成体になれる確率は、数千分の一程度かもしれません。しかし、たとえほとんどが死んでしまったとしても、わずかな数の個体が捕食者の襲撃をかいくぐり、繁殖可能なカエルに育つことができればいいのです。その幸運なカエルは数千の卵を産むことができます。このように、高い死亡率を高い出生率でカバーし、全体として繁殖可能な個体数を維持する戦略が多産多死です。

多産の生き物は、仮に一時的に個体数が減少しても、すぐに個体数を回復する潜在的な力をもっています。たとえばハンティングにより個体数が減少しても、親個体が生き残っていれば、それがたくさんの子を産み絶滅を回避できるはずです。

もう一方の戦略が〝少産少死〟で、あまり多くの子が生まれない代わりに、寿命が長い（死亡率が低い）という特徴をもちます。

少産少死を採用する生き物の典型的な例として、大型の哺乳類であるゾウが挙げられます。ゾウは子を産めるようになるまで、生まれてから一〇年以上の期間を必要とします。やっと子を産めるようになっても、繁殖パートナーと出会い子をもうける機会はそれほど多くありません。また、ゾウの妊娠期間は二年を超え、一度出産したあとは数年間の体力の回復を経なければ、次の子を産むことはできません。どんなに頑張っても、数年に一頭しか子を産めないのです。ですから、一頭の（メスの）ゾウが生涯で産める子の数もせいぜい数頭で、一度に数千の卵を産むカエルの足元にもおよびません。生まれる子の数だけ見ると、ゾウはすぐに絶滅しそうですが、そうともかぎりません。ゾウを仕留められる捕食者など自然界には存在しないため、死亡率がカエルと比べものにならないほど低いからです。このため、ゾウは少産でも個体数を維持できるのです。

ヒトが到達した地で絶滅したメガファウナは、ハンティングに脆弱な少産少死の動物だったのです。少産少死の種はハンティングなどの人為的要因で死亡率を少しでも上げられると、急速に絶滅に近づくはめになります。一度個体数が減ってしまうと、少産のために長期間、個体数を回復できないからです。

ちなみに、多産少死は個体数を増やす最強の戦略に見えますが、こうした性質をもつ生き物は知られていません。多産の能力と少死の能力はトレードオフ（どちらかを得ると、他方を得られないこと）の関係にあり、両方を進化させることは極めてむずかしいのでしょう。

リョコウバトの絶滅

少産少死の種がハンティングにより絶滅に追いやられやすいこと、そして、ある時点での個体数の多少が絶滅しやすさには直結しないことを示す事例を紹介しましょう。二〇世紀初頭に起きたリョコウバトの絶滅です。

リョコウバトは体長四〇センチを超える大型の美しいハトで、中央アメリカから北アメリカ東部にかけて生息していました。産卵のため夏は北アメリカ東部で生活し、冬は越冬のためメキシコあたりまで南下します。この渡りが、リョコウバトの名前の由来です。

一六世紀に北米大陸に定住しはじめたヨーロッパの人は、リョコウバトの数の多さに圧倒されたようです。一説には、当時リョコウバトは五〇億羽を超える、鳥類史上最大の個体数を誇っていたと推定されています。そんなリョコウバトが、その後数百年のあいだに絶滅してしまったのです。

一八世紀、アメリカは開拓時代に突入します。そして、それまでリョコウバトの住処《すみか》だった広大な森林や草原が、農地に変えられました。この過程で生息地を奪われたリョコウバトは、部分

最後のリョコウバト：マーサ（Martha）と名づけられシンシナティ動物園で飼育されていたリョコウバト。最後の一羽だったと考えられている。［提供：Science Source/PPS 通信社］

的に死に絶えましたが、まだたくさん生き残っていました。つまり、数は減ったものの、まだ絶滅にはほど遠い状態でした。

生息地を奪われながらも生き残ったリョコウバトはというと、農地へ出て行って、農作物を荒らすようになりました。そうなると、農民はリョコウバトから農作物を守ろうとします。こうして、農民とリョコウバトの衝突が頻発するようになりました。農民がリョコウバトの駆除に力を入れたことにより、リョコウバトはまた個体数を減らしてしまいます。

同じころ、リョコウバトにとってさらに悪いことが起こりました。その羽毛や肉が、高値で取引されはじめたのです。人々はわれ先にとリョコウバトを捕まえ、売りさばきました。乱獲のはじまりです。リョコウバトの乱獲のひどさを物語る資料が残っています。取引のためにリョコウバトを列車に積み込んだ際に発行された、荷物の伝票です。そこには、総重量五万一〇二キログラムものリョコウバトが積み込まれたことが記されていました。この伝票は、ある一日の一度の輸送に対して発行されたものです。この日、いったい何羽のリョコウバトが捕らえられたのでしょうか。そして、こんな日がいったい何日つづいたのでしょうか。

しかし、当時のアメリカの人々はまさかリョコウバトが絶滅するとは思っていませんでした。空を埋め尽くすほどのリョコウバトを捕り尽くせるはずがないだろうと、根拠のない楽観的な思い込みをしていたのです。また、たとえリョコウバトの数が減ったとしても一時的なことで、すぐにネズミ算式に個体数を回復するだろう、とも思っていました。たくさんいるという事実を短絡的に〝多産〟と結びつけていたのです。

実際はちがいました。リョコウバトは繁殖力の弱い、〝少産〟の生き物だったのです。渡り鳥であるリョコウバトにとって、繁殖の機会は一年に一度、夏季だけです。そして、一度に数千の卵を産むカエルとはちがい、リョコウバトは一度の産卵でひとつの卵しか産みません。

減少した個体数が回復することは二度とありませんでした。そして、一九一四年九月一日に、アメリカのシンシナティ動物園でリョコウバトの最後の一羽が死にました。つまりこの日、リョコウバトが絶滅したのです。

狩猟採集から農耕へ

ヒトがほかの生き物に与えてきた影響を考えるとき、ハンティングによるメガファウナの絶滅の次に起こった注目すべきイベントは、〝農耕の開始〟です。ある時期、世界のあちこちで農耕がはじまりました。最初に農耕が開始されたのは、チグリス川とユーフラテス川の流域のメソポタミアを中心とした地域で、いまから一万三〇〇〇年くらい前のことです。その後、中国、つづいてメキシコ中央高地とアフリカで農耕が開始されました。

農耕がはじまるとすぐに、ヒトはそれまでの狩猟採集から農耕へ生業を大きくシフトさせました。この生業のシフトには大きな謎が残されています。なぜ当時のヒトは狩猟採集生活をやめて、農耕生活をはじめたのでしょうか?

狩猟採集生活は農耕生活に比べると汚くて、野蛮で、ひもじいというイメージをおもちの方もいらっしゃるかもしれません。しかし、初期の農耕と比べれば、狩猟採集のほうがよほど高い水準の生活を送れたはずです。なぜなら、初期の農耕の生産力はきわめて低かったからです。農耕により安定した生活が約束されたとは、とても言えない状況でした。初期の農耕生活は、狩猟採集生活よりずっとひもじくて、困難をともなったはずです。

農耕へのシフトのきっかけは気候変化?

もしかすると、農耕生活への切り替えの理由を地球の気候変化に求められるかもしれません。

最近七〇万年間の地球の気温は解明されつつあります。その成果として、北半球高緯度域に大氷床が発達するほど寒冷な〝氷期〟と、寒が緩み氷床が縮小する〝間氷期〟が、およそ一〇万年周期で訪れていることがわかりました。現在は約一万一六〇〇年前にはじまった間氷期にあたります。

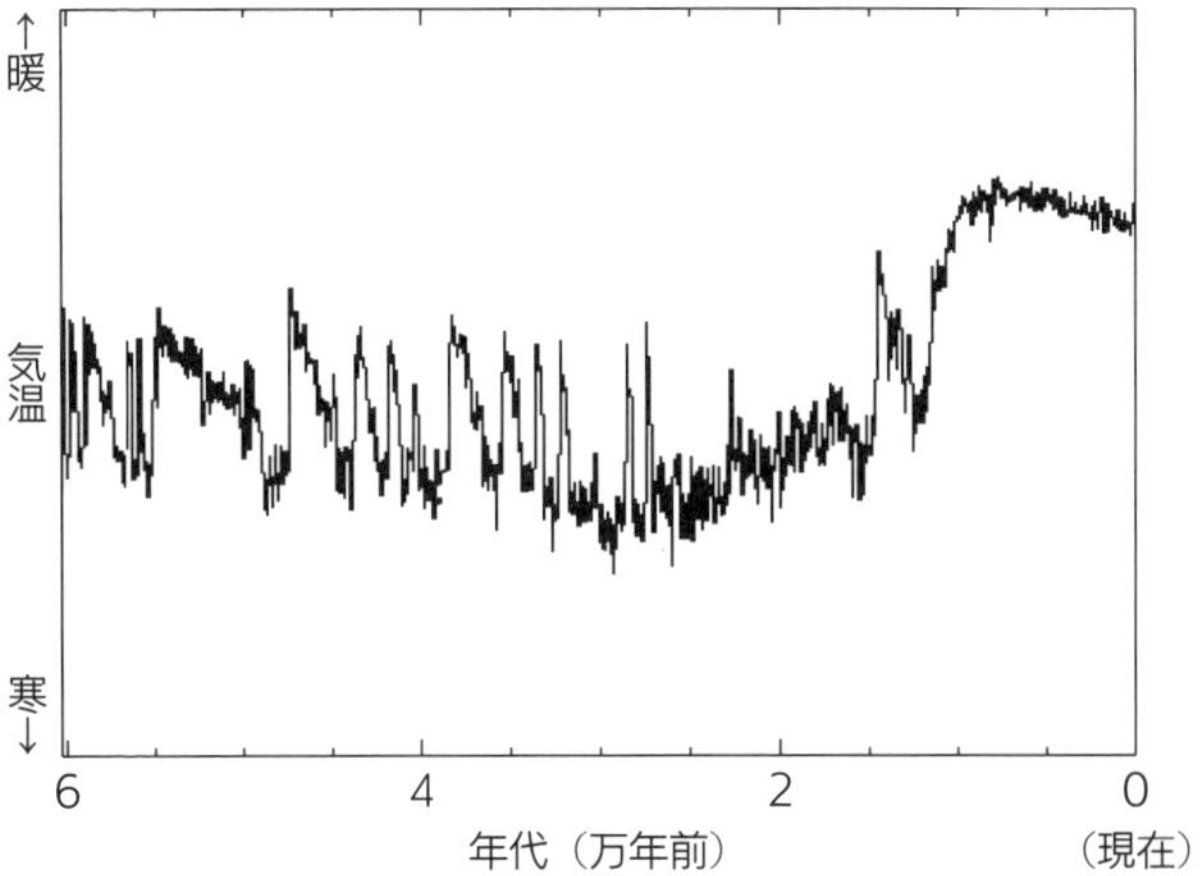

過去６万年の気候変化：グリーンランドの氷床コアの分析により復元された。[North Greenland Ice Core Project Members（2004）をもとに作図]

最近六万年の気候（気温）の変化は、とくに詳細に解明されています。グリーンランドの氷床を用いて、この間の気候変化を正確に推定する方法が開発されているのです。こうして明らかにされた気候変化を紹介しましょう。

グリーンランドの氷床から復元された最近六万年の気候変化をくわしく見ると、六万年前から一万一六〇〇年前まではいまよりも気温がずっと低く、氷期にあたることがわかります。この時期は、地球の歴史の中で直近の氷期にあたるため、〝最終氷期〟と名づけられています。最終氷期のあいだ、基本的には寒冷な気候がつづいていました。

しかし、さらにくわしく見ると、最終氷期中にも数年から数十年で温暖化が急速に進み、その後再び急速に寒が戻る、という気候の大激変が何度も訪れていたことがわかってきました。

こうした気温の大激変期は、六万年前から一万一六〇〇年前のあいだに少なくとも一七回も出現しています。つまり、最終氷期の地球の気候はかなり不安定だったのです。一方、最終氷期終了以降はこうした気候の大激変期は訪れておらず、基本的に安定して温暖な時代がつづいています。

多少のずれはあるものの、ヒトが農耕生活を開始した時期は最終氷期の終わりに重なります。とくに、農耕が世界にひろまったのは最終氷期終了後です。そうすると、最終氷期の終了が農耕生活の開始のきっかけになったのではないか、という考えが頭をよぎります。

農耕生活の開始の理由を氷期の終わり（間氷期のはじまり）に求めるとすると、新たに訪れた〝温暖な気候〟か〝安定した気候〟のいずれかが重要だったにちがいありません。どちらが本当の理由なのでしょうか。

じつは、温暖な気候のほうに答えを求めようとすると、うまく説明できないことが出てきてしまいます。

世界で初めて農耕生活がはじまったメソポタミア地方は北緯三〇度より北に位置します。この地はもしかすると、氷期中、農耕に適さないほど寒冷だったかもしれません。メソポタミア地方だけを考えるのならば、暖かくなって農耕がはじまったという説明は、それほど不自然ではなさそうです。しかし、もっと低緯度の地域には、氷期でも農耕が可能な程度に温暖な土地があったはずです。実際、氷期中でさえ低緯度地域には熱帯雨林がひろがっていたことが知られているので、温暖な土地はあったことがわかります。気温の低さが農耕開始の制限要因ならば、低緯度の温暖な熱帯地域で、氷期中から農耕がはじまっていてもおかしくないはずです。しかし、実際には、熱帯地域で氷期中に農耕が起こった形跡はありません。

もちろん、農耕生活の開始には、肥沃なメソポタミアの地が農耕に適した気候帯と重なることが重要だった可能性もあります。低緯度の温暖な土地は、そもそも農耕に不向きだったのかもしれません。しかし、そうでない可能性を考慮すると、もうひとつの要因である〝安定した気候〟のほうに注目せざるをえません。

よく考えると、安定した気候は、不安定な気候よりずっと農耕生活に適しているはずです。なぜならば、毎年気候が大幅に変わる環境では、安定した農業生産が見込めないからです。不安定な気候下では、同じ作物を同じように植えたとしても、「去年は豊作だったのに、今年はまったくの凶作だ」ということが頻繁に起きてしまうでしょう。ですから、毎年同じような気候が繰り返されることは、安心して農業生活を営むために必要な条件なのです。

とはいえ、気候の安定化は、農耕生活を可能にする条件を満たしただけにすぎません。農耕生活ができるようになったことは、生活様式の選択肢がひろがったことを意味するだけで、農耕生活をはじめなければならない理由にはなりません。たとえ気候の安定化により農耕生活が可能となったとしても、実際に農耕生活をはじめる必要はなかったはずです。ですから、当時の人々が農耕生活をはじめた理由は、気候の安定化だけでは説明することはできません。

アメリカの進化生物学者ジャレド・ダイアモンドは、農耕生活がはじまった理由を気候変化とはべつの視点から論じています。彼は、前節で紹介したメガファウナの絶滅と農耕生活の開始を結びつけました。つまり、（おそらくヒトによるハンティングで引き起こされた）メガファウナの絶滅が入手可能な自然資源としての動物資源の欠乏を引き起こし、これにより、ヒトの狩猟採集生活が立ち行かなくなったのではないか、という考えです。

ダイアモンドの考えも強い証拠に支持されているわけではありませんが、説得力はあります。彼の言うように、メガファウナの減少で狩猟採集生活をあきらめざるをえなかった状況が、安定した気候とあいまって、人々に農耕生活への移行を促したのかもしれません。

農耕生活がもたらした人口の増加

さて、農耕生活開始の理由はわからなくても、その結果は明らかでした。

農耕では、単位面積あたりに得られる食料の量が、狩猟採集よりも多くなります。単位面積あたりの食料が増加するのであれば、やはり狩猟採集生活よりも農耕生活のほうがすばらしいではないか、と混乱するかもしれません。しかし、その当時の農耕は人力のみに頼っていたので、広い農地をつくることができませんでした。当時はかぎられた面積の農地しか利用できず、そこから得られる収穫で細々と生活するしかなかったのです。

一方、狩猟採集生活では、たとえ単位面積あたりの食料が少なくても、狩猟採集をおこなう面積をひろげれば、十分な量の食料を得られます。事実、農耕生活をはじめる以前のヒトは、広大な面積を移動しながら狩猟採集をおこなっていました。狩猟採集生活は、移動さえできれば悪いものではなく、質のよい食料をたくさん集められたはずです。

しかし、移動をともなう狩猟採集生活では、子を産むことが制限されます。というのも、ヒトの子どもは自分でしっかりと歩けるようになるまで、生まれてから数年はかかるからです。歩けないほど幼い子どもを連れて移動するには、親が子どもを抱きかかえて歩くしかありません。ですから、少なくとも子が満足に歩けるようになるまでは、次の子をつくることが許されないのです。この制約が、狩猟採集民の人口増加を抑制していました。

また、食料を得るために広い面積が必要な狩猟採集生活では、人口密度も低く抑える必要があります。すでに誰かが狩猟採集をおこなったあとの土地へ移動しても、十分な食料を手に入れられないからです。こうした事態を避けるためには、人口密度を上げることができません。

農耕生活ではこうした制約がすべて外れます。もしかすると、当時の人は「家族が増えれば豊かになるかもしれない。彼らが働き手となり、農地をひろげることができれば、生活が楽になるはずだ」と考えたかもしれません。

もちろん、すでに述べたとおり、農耕技術が低いあいだは単位面積あたりの収穫量もかなり低かったはずです。農耕面積をどれだけひろげても、貧しい生活を維持するのがやっとだったでしょう。それでも、農耕生活は子を増やすには適していました。農耕生活がもたらしたのは豊かな生活ではなく、人口増加なのです。

ゆるやかな人口増加と人口爆発

狩猟採集時代と農耕開始以降の人口の増え方については、大ざっぱな推定値があります。

人類が農耕生活をはじめたときの世界人口はわずか二〇〇万から二〇〇〇万人と推定されており、たぶん数百万人の規模だったはずです。そして、農耕生活をはじめる前（狩猟採集だけで生活していた時期）の人口増加率は非常に低く、年率〇・〇〇〇二パーセント（複利貯金の年利率に当たります）ほどだったと見積もられています。農耕生活開始後、人口増加率がそれ以前の一〇〇倍になりました。一〇〇倍ですから急伸といえば急伸ですが、もともとの増加率が低いので年率〇・〇二パーセントくらいにしかなりません。年率〇・〇二パーセントが一定ならば、人口が倍加する（二倍になる）のに三五〇〇年もの時間がかかります。

このころの人口増加は実際にはどのようなペースだったのでしょうか？　それを確かめるためには、信頼のおける人口統計が必要です。しかし、そのような情報が残されるようになるのは、農耕開始からずっとあとのことです。

イギリスの歴史学者コリン・マクエブディーとリチャード・ジョーンズは、手に入るかぎりの手がかりを用いて推論を重ね、西暦一年の世界五地域（ヨーロッパ、アフリカ、アジア、オーストラリア、オセアニア）の総人口を一・七億人と見積もりました。西暦一年までに農耕がはじまってからかなりの時間がたっていますから、それなりに農耕技術も上がり、農業生産量もだいぶ増えていたはずです。実際、農耕開始時の〝数百万人〟からはずいぶん人口が増えていました。にもかかわらず、西暦一四〇〇年ごろの世界人口は三・五億人ぐらいにしか増えていません。この間の人口増加率は〇・〇五二パーセントです。

ところが、一七〇〇年を境に世界人口の増加率は激変しています。指数関数的な人口増加に対して人類は危機感を募らせ、〝人口爆発〟とこれを称しました。現在も人口爆発の真っただ中にあります。国連経済社会局のデータを使って、この人口爆発のペースを紹介しましょう。

一七二〇年ごろの世界人口は六・一億人ほどでした。そして、その一三〇年後の一八五〇年には一二億人に達しました。このあいだの人口増加率は年率〇・五三パーセントで、西暦一年から一四〇〇年までの人口増加率の一〇倍程度の値です。その後も人口増加率は堅調に伸びつづけました。一八五〇年からの五〇年間の人口増加率は年率〇・八六パーセントに達しました。一九五〇年から二〇〇〇年のあいだの年人口増加率は、なんと年率一・一パーセントです。年率一・一パーセントならば、人口の倍加にわずか六四年しかかからない計算になります。

これらの人口増加率と比べれば、農耕開始当時の人口増加率がいかに低かったか理解していただけると思います。同時に、現在の人口爆発がどれほどすさまじいペースなのかもわかってもらえたことでしょう。

初期の農耕が生態系に与えた影響

農耕がはじまったばかりの時代に話を戻しましょう。約一万三〇〇〇年前のメソポタミア地方での農耕の開始を合図に、農地の開発という土地利用形態の改変がはじまりました。農地の開発は生物多様性に大きなダメージを与えます。生物多様性の豊かな自然生態系が、生物多様性の著しく低い、作物を主体とする農地に変えられるからです。ただし、この時期の農地の開発が生物多様性に与えた悪影響は地域限定的だったと考えられています。

先に述べたとおり、人力に頼っていたころの農地の開発は困難を極め、農地面積はなかなかひろがりませんでした。世界中に農地をひろげることなど、その当時の人にはできるはずもなかったのです。これが、農耕がはじまったにもかかわらず、人口増加が年率〇・〇二パーセントほどという低いレベルに抑えられていた理由です。この時期の農地面積は地球表面積の〇・五パーセントにすぎず、この割合は一七〇〇年ごろまで変わりませんでした。農地開発による生態系への影響は、全球レベルの問題ではなかったのです。

とはいえ、農耕が盛んだった地域の生態系は、局所的に大きな影響を受けたはずです。たとえば、メソポタミアでは深刻な環境問題が発生しました。土壌表層部への塩類の集積です。メソポタミアのような降水量の少ない乾燥地での農業では、灌漑をおこなう必要があります。つまり、農地に水を撒かなければならないのですが、撒かれた水の大部分は地下に浸透せずに、土壌表面から蒸発していきます。このとき、もともと水にふくまれていたり、土壌中に存在したりしていた塩類が表層に取り残され集積してしまうのです。

表層に塩類が集積した土壌では、作物は育ちません。人々はその土地での農耕をあきらめ、新たな農地を開発する必要に迫られました。しかし、土壌表層の塩類集積の悪影響を受けたのは、作物にとどまりませんでした。その他の多くの植物も生育できなくなってしまったのです。メソポタミアは文字どおり、不毛の地となりました。

また、メソポタミアでは洪水が頻発した証拠も見つかっています。森林を切り開いて農地化をおこなった結果、土地の水源涵養機能（土地が雨水を蓄えておく能力）が著しく低下したのでしょう。土壌の不毛化と洪水の頻発の結果、メソポタミア文明は衰退していきました。この地域に住む生き物たちも悪影響を受けたはずです。

産業革命以降の爆発的な農地拡大

すこし前に紹介したとおり、一八世紀に人口爆発が起きました。この現象をもたらしたのは産業革命に端を発する農地の急速な拡大でした。つまり、農地の拡大に伴う農業生産量の爆発的増加が人口爆発をもたらしたのです。

世界に先駆けて人口爆発を迎えたのはヨーロッパでした。ヨーロッパで増加した人口の一部は新たな農地を求め、新大陸（北米大陸）などに移住しました。そして、移住先でも開墾が進み、農地が拡大し、人口はどんどん増えました。一七五〇年から一八五〇年のわずか一〇〇年間で、北米大陸の人口は、自然増加と移入により五倍に増加しています。

前項で、産業革命以前は、地表面全体の〇・五パーセントのみが農地だったと紹介しました。

地表には、海などのそもそも農耕ができない領域が大量にあります。そして、水に覆われていない陸域でも、かなりの範囲には氷河・氷床や砂漠がひろがっていて、こうした地域では農耕などできるはずがありません。結局、農耕ができそうな土地は、地球には三〇〇〇万平方キロメートルほどしかないのです。この面積は地表面全体の六・〇パーセント、陸域の二〇パーセントにすぎません。

ということは、産業革命以前の農地は、農耕のできそうな土地の八・三パーセントにひろがっていたことになります。その割合が、一九〇〇年までに二五パーセントに拡大し、二〇〇〇年には五〇パーセントに達していました。

先にも述べたとおり、農地の開発は自然生態系の破壊を意味します。土地利用形態の農地への変革は、ヒトにとっては有益だったかもしれませんが、ヒト以外の多くの生き物にとっては棲みにくい環境をつくりました。

ＩＵＣＮの統計によれば、現在進行中のヒトによるほかの生き物たちの絶滅のおもな理由は、

①開発、土地利用変化に伴う生息地の破壊
②生息地の分断化
③大気汚染や水質汚濁に代表される生息環境の悪化
④乱獲

⑤外来種の持ち込みにともなう既存の種の競争排除、捕食、病気の蔓延の五つです。
この中で、生き物たちにもっとも深刻な影響を与えているのは、①開発、土地利用変化に伴う生息地の破壊です。もちろん、開発、土地利用変化のすべてが農地の開発というわけではありません。居住地や工業用地の開発、道路の建設などもふくまれます。それでもなお、農地開発が土地利用変化のおもな理由なのです。

ＩＵＣＮの統計は一方で、生息地の破壊以外の要因によっても絶滅が進んでいることを示しています。たとえば、④乱獲も絶滅の大きな原因となっています。

先ほど、数万年前に起こったヒトのハンティングによるメガファウナの絶滅を紹介しました。このころの乱獲は、認知能力頼りだったかもしれません。しかし、最近の乱獲（リョコウバトのケースをふくむ）を引き起こしたのは、技術革新でした。すなわち、飛び道具（鉄砲）の発明です。それでは次項で、ヒトと野生動物の関係を一変させ、乱獲に拍車をかけてしまった、飛び道具について考えましょう。

飛び道具は何を変えた?

「とびどぐもたないでくなさい」

たどたどしい日本語ですが、理由があります。これを言ったのは山猫だからです。このセリフは、宮沢賢治の童話『どんぐりと山猫』の冒頭に現れます。山猫が一郎という人間の男の子に送った、ドングリたちのあいだの〝めんどうな裁判〟の調停を依頼する手紙の一部です。山猫の言葉は、「裁判を平和的に進めたいので、飛び道具のような物騒なものを持ち込んでほしくない」という意味に解釈されることがあります。しかし私は、「自然界に、飛び道具のような物騒なものを持ち込んでほしくない」という気持ちを表していると思っています。飛び道具をもったヒトは恐ろしく、抗うことができる動物などこの世にはいないのですから。

飛び道具の歴史は世界中で異なりますから、ここからは日本に絞って話を進めていきます。

日本において、ヒトと野生生物の関係は多様な解釈が可能です。まず、野生生物は日本人の精神活動や文化活動の源になっています。古来、日本人は野生生物に対し畏敬の念や美しさを感じてきました。このことは、「はじめに」で紹介したトキを詠んだ歌からもうかがい知ることができます。さらに、蛇や狐、狼などの野生生物をまつる神社が日本各地にあることからも、日本人がもつ野生生物に対する感情を察することができるでしょう。

同時に、野生生物は私たちにタンパク質や毛皮といった〝恵み〟を与えてくれる存在であり、農地を荒らす害獣という一面もあります。そのため、狩猟の対象にもなりました。日本人と野生生物の追いつ追われつの関係は、かつては拮抗したものでしたが、鉄砲の登場によりこの力関係は一変しました。鉄砲を手にしたわれわれは、野性生物に対して圧倒的な優位に立ってしまったのです。

日本への鉄砲伝来は室町時代後期、一六世紀のことです。軍事用の武器として有望だった鉄砲は、あっという間に日本全国へひろまりました。やがて、鉄砲は軍事用としてだけでなく、狩猟にも転用されはじめます。この状況をほうっておけなかったのが当時の政府です。鉄砲は強力な武器でしたから、これがひろがることに政府は危機感を覚えたのです。そして、ほどなくして銃規制がはじまります。豊臣秀吉による刀狩です。鉄砲が没収され、鉄砲の管理と鉄砲を使った狩猟の規制が進められました。

政府の方針により鉄砲を使った狩猟の圧力が下がったわけですから、この状況は野生生物には有利に働きました。狩猟圧の低下とともに野生生物の数が増えたのです。この当時、ヒトによる狩猟圧の低下以外にも、野生生物に有利な状況がありました。ヒトや家畜を襲うオオカミや野犬が積極的に駆除されていたのです。

こうした状況で増えていった野生生物として、イノシシがあげられます。ここからは、日本人とイノシシの関係に注目して話を進めます。

東北地方のイノシシはなぜ絶滅してしまったのか？

オオカミはイノシシの天敵でもありましたから、天敵の減った環境で、イノシシはのびのびとした生活を送れるようになったことでしょう。こうした背景でイノシシの数が増えた結果、各地でイノシシによる農業被害が頻発するようになりました。そして、増えすぎたイノシシに、当時の人々は大変困らされていたようです。たとえば、一八世紀の八戸藩（現在の青森県）でイノシシによる農作物の被害が深刻だったことが、古文書に記されています。一七四九年には冷害とイノシシによる獣害とが重なり、八戸藩だけで三〇〇〇人以上が死亡したそうです（ちなみに、八戸市役所のホームページによると、一七五六年の八戸藩の人口は四万五〇〇〇人程度だったそうです）。

もはや、日本のあちこちで、鉄砲抜きでは害獣対策をおこなえない状況が生じていました。こうして、害獣駆除という名目があれば、農村部での鉄砲の大量備蓄が黙認されるようになります。一八世紀以降、鉄砲のおもな用途は、武士の武器から害獣対策の農具へと変化していたようです。

とはいえ、イノシシが個体数を大きく減らすことはありませんでした。農地に出てきたイノシシを害獣として駆除することはできても、狩猟のために山に入ることは禁じられていたからです。

事態が急変したのは明治時代です。明治政府は、それまでの狩猟規制を著しく緩和しました。当然、狩猟圧は上昇し、イノシシの数は減少します。このとき、東北地方のイノシシが地域的に絶滅してしまいました。八戸藩の人々が飢えに苦しむ原因となるほど増えていたイノシシが、あっという間にいなくなってしまったのです。

イノシシは九州から東北まで広く分布していましたが、明治時代に地域絶滅を起こしたのは東北地方のイノシシだけでした。なぜ、東北地方だけでイノシシの地域絶滅が起こってしまったのでしょうか？　その理由は積雪と関係していると言われています。

積雪高が高い東北地方でも、イノシシは冬眠をするわけではありません。餌を求めて雪の上を動き回っていました。雪のない世界ではヒトより圧倒的にすばやく動けるイノシシも、雪上では足をとられて動きが制限されます。スキーやかんじきのおかげで雪の上でも機動力を保ったヒトに鉄砲で襲われれば、逃げ切ることはむずかしかったでしょう。そのような事情から、イノシシは東北地方から姿を消してしまったのです。

飛び道具をもってしまったヒトの恐ろしさを物語る、悲しい歴史です。

2-3 未来の技術で環境問題は解決可能か？

さて、前節までは過去を振り返ってきましたが、本節では未来を予想してみましょう。

昨今、深刻化する地球環境問題が注目されるようになってきました。本書のテーマと深くかかわる生物多様性の喪失も、注目される問題のひとつです。その他の地球環境問題としてよく知られているのは、地球温暖化でしょう。生き物の保全から少し話がそれますが、ここで、地球温暖化問題について考えてみたいと思います。とくに、未来に得られるかもしれない、新しい技術による問題解決の可能性について論じます。地球温暖化や生物多様性の喪失といった問題の解決策として、未来の技術革新に期待してもよいのでしょうか？

気候変動枠組条約と京都議定書

一九八〇年代に入ると、温暖化しつづける気候に対してなんらかのアクションを起こすべきだという考えが、国際社会にひろがりはじめました。そして、この考えは、気候変動枠組条約の締結というかたちで具現化しました。一九九二年のことです。

気候変動枠組条約には、

❗気候変動枠組条約の目的

「条約加盟国が協調して、気候系に対して危険な人為的干渉をおよぼすこととならない水準において大気中の温室効果ガスの濃度を安定化させる」


という目的が明記されています。

しかし、気候変動枠組条約には、掲げた目的の達成に向けてとるべき具体的な行動については、まったく記されていません。これはとても不自然です。条約加盟国が「頑張って地球温暖化を食い止めましょう!」というスローガンを掲げただけで、何も具体的な行動をとらないのならば、地球温暖化が止まるはずはないからです。地球温暖化を止めるには、当たり前ですが、具体的になんらかの行動を起こす必要があります。

じつは〝具体的な目標〟は、気候変動枠組条約ではなく京都議定書というべつの国際的な約束事に記されています(〝京都議定書〟という言葉は、みなさん一度は聞いたことがあるでしょう)。つまり、京都議定書は気候変動枠組条約のもとで交わされた約束事で、そこには、条約が掲げる大目標を達成するために必要な具体的な目標（各国が削減しないといけない温室効果ガスの排出量）が記されていたのです。

京都議定書に参加した国々は、自国に課された削減目標の達成に向けて具体的な行動をとらなければなりません。たとえば日本は、一九九〇年に自国が排出した二酸化炭素量に対して六パーセント削減するという目標が課されました。

京都議定書の発効まで

京都議定書のような国際合意が、どのような手順で効力を発揮するかご存じでしょうか？　その手順は、〝採択〟〝批准〟〝発効〟という三つのプロセスからなります。少し専門的になりますが、これらのプロセスを説明しましょう。

まず、参加国どうしのあいだで合意のための文書が練られます。この過程は、文書の書きぶりが関係各国のあいだで了承されるまでつづけられます。そして、すべての参加国が文書を了承することを〝採択〟といいます。

採択されたからといって、その文書が即効力をもちはじめるわけではありません。採択された文書は各国に持ち帰られ、それぞれの国で決められた承認手続きに進みます。日本の場合は、国会の承認を得る必要があります。この各国の承認手続きが〝批准〟です。

そして、批准国があらかじめ決められた条件を満たしたとき、国際合意は初めて効力をもちます。これが〝発効〟と呼ばれるプロセスです。

京都議定書の発効条件はいくつかありましたが、そのひとつは次のとおりです。

京都議定書の発効条件（のひとつ）

・先進国が一九九〇年に排出した二酸化炭素の総量のうち、京都議定書を批准した先進国が排出した量が、五五パーセントを超えていること

少しわかりにくい条件ですね。解説しましょう。

まず、この条件が先進国のみに注目していることに違和感を覚えたのではないでしょうか。二酸化炭素は当然、先進国や途上国といった区別に関係なくあらゆる国が排出しています。しかし、京都議定書は、先進国だけに注目して発効条件を定めたのです（先進国だけが京都議定書の対象となった理由については、少し専門的になりすぎるので、ここでは触れないことにします）。

それでは次に、先ほど示した発効条件のもうひとつの要素である〝五五パーセント〟を説明しましょう。批准国が少数だった場合、それらの国だけに（あまり意味のなくなってしまった）削減義務を課さないため、この発効条件がつくられました。少数の国だけががんばって二酸化炭素の排出を削減しても、地球温暖化を抑制する効果は限定的なものにしかならないからです。

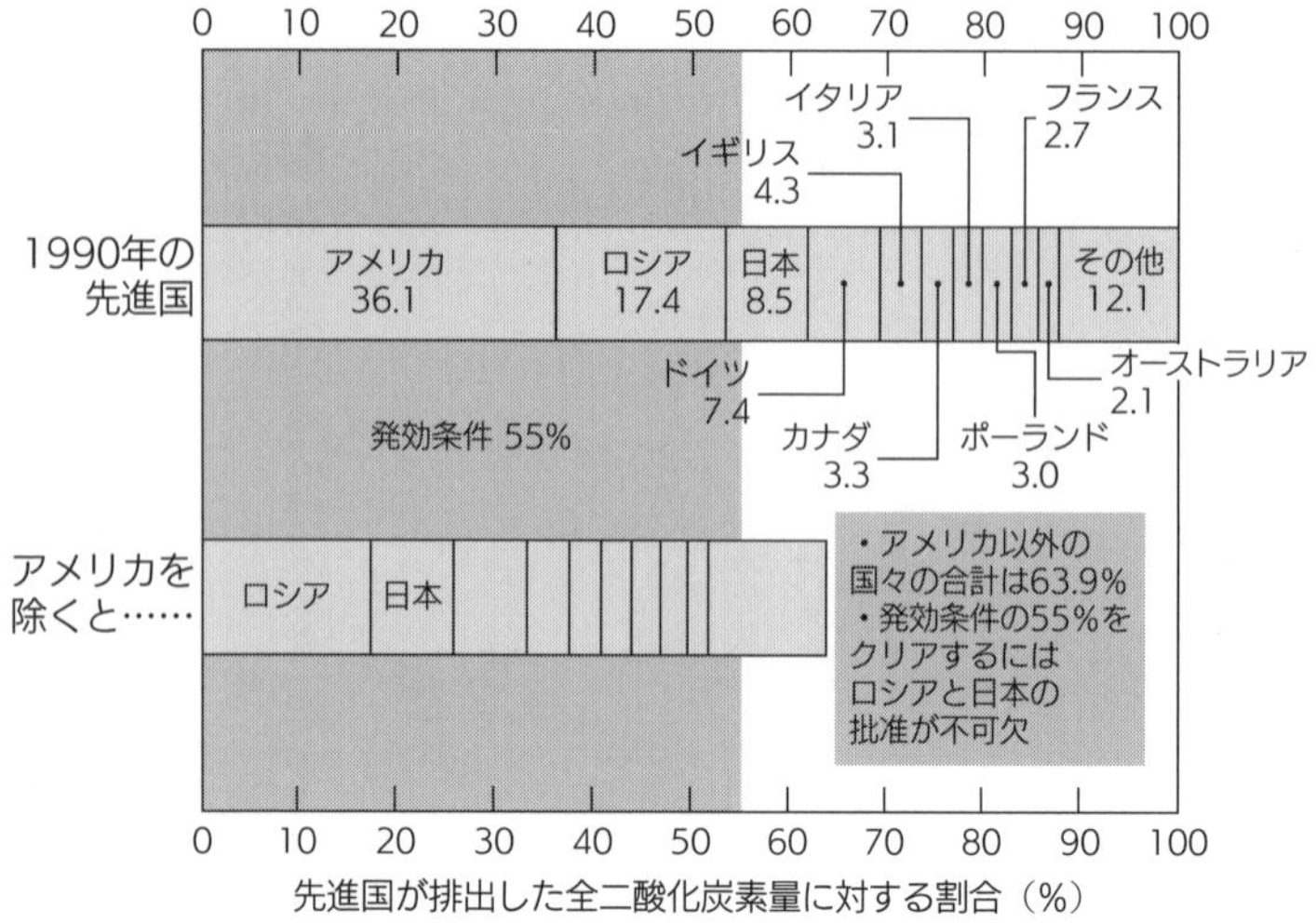

京都議定書の発効条件（のひとつ）

一九九七年、京都で開催された気候変動枠組条約第三回締結国会議では、アメリカをふくむほとんどの先進国が京都議定書を採択しました。ところが、アメリカは自国内で二〇〇一年に京都議定書を批准しないことを決めました。京都議定書からアメリカが離脱してしまったのです。

その結果、一時は京都議定書の発効が危ぶまれる事態になりました。アメリカは削減目標の基準となる一九九〇年に、世界でもっとも大量の二酸化炭素を排出した国で、単独で先進国の総排出量の三六パーセント以上をも占めていたからです。アメリカを抜きにして、「批准国が総排出量の五五パーセント以上を占めること」という発効条件をクリアすることは、極めて困難でした。アメリカ以外の先進国がすべて批准したとしても、それは全体の六四パーセントにしかなりません。この状況で、たとえば、日本かロシアのどちらかが京都議定書から離脱してしまえば（批准しなければ）、発効条件が満たされなくなってしまうのです。日本やロシアの離脱はつまり、京都議定書の失敗を意味します。

一時は発効できなくなるかもしれないところまで追い込まれた京都議定書でしたが、土壇場で日本とロシアが批准し、二〇〇五年、無事発効にこぎつけました。

より豊かで賢い未来の人が解決してくれる？

それにしても、アメリカの京都議定書の離脱には、どんな理由があったのでしょうか？ さまざまな思惑があったはずですが、理由のひとつは、「より豊かで、より賢い未来の人々」という考え方でした。

このまま地球温暖化が進めば、未来の人々は現代人より厳しい温暖化に苦しむことになるでしょう。しかし一方で、現在までの経済成長がそのままつづけば、現代人より未来の人々のほうが豊かになっているとも期待できます。そして、豊かな未来の人々はいまからは想像もつかないような、すばらしい技術を開発していることでしょう。歴史を振り返れば、これはほぼ確実です。

一九八〇年くらいまで、人類はパソコンをもっていませんでした。一九九〇年くらいまでは、インターネットを楽しんでいませんでした。二〇〇〇年くらいまでは、スマートフォン（スマホ）を利用していませんでした。パソコンもインターネットもスマホも、ひと昔前まで想像すらできなかった代物です。人類は革新的な技術を生み出しつづけてきましたし、これからもきっと、すばらしい技術を開発しつづけるはずです。地球温暖化に対抗する技術もしかりでしょう。

地球温暖化を食い止めるために未来の人々が開発すると期待される技術として、たとえば、大気から温室効果ガスである二酸化炭素だけを抽出して地中に閉じ込めてしまう、炭素回収貯蔵技術が挙げられます。現時点ではアイデアがあるだけで、実現されてはいません。しかし、研究が進めば、この技術も実現されることでしょう。

京都議定書から離脱したアメリカの態度は、未来の人々が地球温暖化を解決する技術を開発しやすいように、いま私たちは〝豊かさ〟を優先しよう、というものでした。

さて、アメリカが掲げたように

「地球温暖化問題の解決は、豊かで賢い未来の人々に押しつけてしまえ!」

という考えは正しいでしょうか?

新たな技術は新たな問題を生む

もしかしたら、過去の技術がもたらしてしまった諸問題は、未来の技術により解決可能だ、という考えは正しいかもしれません。地球温暖化も生物多様性の喪失も、そのうちに新技術により解決される可能性はゼロではないでしょう。しかし、私はこの楽観的見方にかなり懐疑的です。

もし新たな地球環境問題が今後いっさい発生せず、過去に発生した環境問題の解決だけに集中できるのならば、未来の人々はそれらの問題を乗り越えられるかもしれません。しかし現実には、彼らがすでに生じている環境問題の解決だけに集中するとは考えにくいです。きっと、さらなる経済発展を求めた新技術の開発がなされ、それに伴い新たな環境問題が発生することでしょう。私は、環境問題を解決するための技術が、環境問題を生み出してしまう技術を追い越すことは期待できない、と考えています。

振り返ってみると、人類がいままでに開発してきた技術は、環境問題を生み出すことはあっても、環境問題を緩和することはほとんどありませんでした。それもそのはずです。人類がこれまで開発してきた技術の多くは、地球環境問題の解決ではなく経済発展を目標としていたのですから。そして、新たに技術が開発されるたびに、予期せぬ環境問題が発生しつづけてきました。

例を挙げてみましょう。鉄砲、植物の品種改良、化学肥料、農薬、重機、原子力発電所、……。人類はすばらしい技術を開発してきました。そして、それらの技術のおかげで人類の生活の質は間違いなく向上しました。しかし、よいことばかりではありませんでした。人類が自らの生活の質を向上させるために生み出した新しい技術が、結果的に多くの生き物を絶滅に追いやったり、環境問題を引き起こしたりしたのです。

人類の知恵の多くが、経済発展のための技術開発ばかりに集約されてきたのですから、こうした事態は致し方ありません。この経済発展重視の流れが変わらないかぎり、これからも環境やヒト以外の生き物をないがしろにした技術開発が進むことでしょう。

もし、地球環境問題の解決策として未来の人々の知恵に期待するのならば、未来の人々がその期待に応えるだけの余裕のある社会をつくる必要があります。つまり、未来の人々の知恵が環境問題の解決に向けられるように、地球環境問題の解決と持続可能な地球環境の利用を重視する世界を構築しておかなければならないということです。こうした準備を抜きにして、「より豊かでより賢い未来の人に、環境問題の解決を任せよう」という態度では、いつまでたっても何も解決されないでしょう。

技術を生み出す能力と運用する能力

もちろん、新しい技術を開発するとき、「これで野生の獣を根絶できるぞ！」とか「これで環境問題を引き起こせるぞ！」などの歪んだ目的を人類がもっていたわけではありません。せいぜい「害獣を駆除できる」とか「農業生産を高められる」といった希望をかなえてきただけでした。純粋に人類の生活の質を向上させるため、人類が幸せになるために技術を開発していたのです。ヒト以外の生き物の絶滅や環境破壊は、いわば副作用です。

しかし、こうして生じさせてしまった副作用から、私たちはとても大切な学びを得られます。それは、技術を生み出す能力と運用する能力は別物だということです。

これまでは、新しい科学技術の価値が、人類の役に立つかどうかだけで評価されてきました。技術の負の側面には目が向けられず、「役に立つ一方で、悪影響もある」という評価は初めからなされていません。そうすると、新しく開発された技術の運用方法の検討は後回しにされてしまうのです。歴史を振り返ると、予期せぬ環境への悪影響が明らかになったとき、「想定外だった」と言い訳をしながら対策を考えはじめるのがつねでした。しかし、それでは遅すぎることも、すでに十分すぎるほど学んだはずです。

こうした経験から得られた教訓はなんでしょうか？　それは、新しく開発された技術を使用する前に、その技術がもたらす可能性のある、あらゆる副作用を考え、もし不利益を被る者がいたり、環境を傷つけたりするのならば、あらかじめその副作用を回避する、もしくは緩和するような予防策を用意しておかなければならない、ということです。技術の開発完了は、その技術の使用開始の合図ではない、と肝に銘じなければなりません。

第３章
強い種が弱い種を絶滅させるのは自然の摂理か？

――〈弱肉強食論〉を考える

3-1 弱肉強食は自然の摂理か？

第1章の最後に紹介した意見を思い出してみましょう。それは、「現在の大量絶滅は人類が引き起こしているため、自然の一過程としての絶滅とは言い難く、人類に責任があると考えるべきであり、だからこそ生物を保全すべきだ」という意見への反論でした。具体的には、

! 弱肉強食論

「そもそも、自然界ではつねに、弱い者が淘汰され、強い者が生き残る、弱肉強食の原理が働いているはずです。たまたまヒトが強い生き物だっただけであって、それによって、ヒトより弱い生き物たちが絶滅に追いやられていることは、至極当たり前のことにすぎません。だから、依然として生き物を保全する必要はありません」

というものです。

このように、ある生き物がほかの生き物を駆逐したり、絶滅に追いやったりすることを許容する根拠としてよく使われるのが、〝弱肉強食〟という言葉です。この言葉が使われるとき、生物の世界では、強い者が弱い者を利用するようにできているという考えが根底にあります。この考え方を本書では、〈弱肉強食論〉とでも呼ぶことにしましょう。

ヒトはいまや、生き物を駆逐する能力にかけては、地球上で最強の生物になりあがりました。空身《からみ》のヒトは腕力や走力に優れているわけではなく、ヒトより身体的に強い生き物はたくさんいます。しかし、銃をもったヒトには、百獣の王ライオンも、トラも、ゾウでさえもかないません。第2章で見たとおり、ヒトの戦闘能力がほかの生き物よりずっと高いことは明白です。

武器をもったヒトの戦闘能力がほかのいかなる種にも勝ることは事実です。一般論として、ヒトは強いと言っていいでしょう。ここで、強い者が弱い者を利用できるという弱肉強食の原則をヒトとそれ以外の生き物との関係に適用すれば、たとえ現在の大量絶滅の原因がヒトにあったとしても、ヒトは罪の意識を感じる必要はないし、ヒトによる大量絶滅でさえ自然な出来事とみなせます。

しかし、〈弱肉強食論〉には大きな疑問が横たわってもいます。本当に弱肉強食は自然の摂理で、ヒトによりほかの種が絶滅に追いやられるのは仕方のないことなのでしょうか？　ほかの生き物を駆逐する能力をもつことは、ほかの生き物を絶滅に追いやることを正当化するのでしょうか？　本節では〈弱肉強食論〉の正当性について考察します。

「強さ」は一概には決まらない

そもそも〝弱肉強食〟という言葉の起源はどこにあるのでしょうか？

どうやらこの言葉は、唐の時代の中国の歌に初めて現れたようです。意外にも、いまから一〇〇〇年以上前の漢詩が出所で、生物学とはまったく関係のない生い立ちでした。この漢詩でも、弱肉強食はいまとほぼ同じ意味で使われていたようです。

〝弱肉強食〟の出所が漢詩だったとしても、詠まれてから一〇〇〇年以上経っているのですから、その間に科学的な裏づけが与えられ、科学用語になっているかもしれません。それでは、弱肉強食を裏づける生物学的な根拠は得られているのでしょうか？

自然界を見渡しても、漢詩に詠まれたように、身体的な力の弱い者が力の強い者の食料になっていることは、疑いようのない事実です。身体的な力に勝るライオンはシマウマを狩り、食料にします。そして、この食う者－食われる者の関係が逆転することはありません。「昨日はシマウマがライオンに食べられたけれど、今日はライオンがシマウマに食べられている」ということはなく、食う者－食われる者の関係はいつも一方向的なのです。

それでは、この一方向的な関係性をもって、弱肉強食を自然の摂理とみなしてよいのでしょうか？

そうとは限らないでしょう。身体的な力が強いからといって、必ずしも弱い者を食べているわけではないからです。身体的な力の強さだけを考えれば、空身で地上最強の動物はゾウでしょう。しかし、だからといって、ゾウは自分より力の劣る動物を餌にしてはいません。ゾウは草食の獣で、獣の肉は食べないからです。地球には肉食の獣がいて、その餌になっている動物が存在していることは確かなのですが、食う者－食われる者の関係は力の強さとはべつの話なのです。

とはいえ、食う者－食われる者の関係にある動物の組み合わせに注目すると、弱肉強食が成り立っているように思えます。食う者－食われる者の関係にあれば、食う者のほうが食われる者よりも身体的に強いのが当たり前です。肉食のライオンは、自分より強いゾウを餌にすることはありません。ライオンは、自分より力の弱い動物、たとえばシマウマやイノシシを餌にします。ライオンとシマウマの組み合わせのように、食う者のほうが食われる者よりも強い力をもっているというわけです。この意味では、弱肉強食は正しいように思えます。

しかし、見方を変えれば、シマウマのほうがライオンより強いといえるかもしれません。目の前の敵を攻撃する力（ひっかく力や噛む力）のみに注目すれば、ライオンがシマウマより強いことは明らかです。しかし、シマウマはみすみす自分の肉をライオンに差し出しているわけではありません。ライオンに襲われそうになれば、シマウマはもちろんあらん限りの走力を振り絞って逃げ回ります。単純なかけっこであれば、シマウマはライオンよりずっと強い（速い）といえます。

このように、強さの尺度に何を選ぶかで結論は変わるので、ライオンとシマウマのどちらが強いかは一概に決まりません。そこで、生物学では、尺度の異なる強さを包括的に扱うために、統一的な強さの尺度を導入しています。次項で、その統一的な強さの尺度を紹介しましょう。

生物学が採用する「強さ」

生物学において、生き物と環境の関係や、生き物どうしの関係を論じる分野は生態学と呼ばれています。生態学では、食う者（種）と食われる者（種）の関係がよく調べられています。

生態学における種間の強さの差は、個体の能力では決まりません。それは、ある種（集団）がもう一方の種（集団）に与える影響の大きさで決まります。つまり、ある種がべつの種の個体数を減らしているのならば、前者が後者よりも強い、と考えるわけです。

それでは、食う者（種）が食われる者（種）の個体数を一方的に減少させているのでしょうか？ その逆は起こりえないのでしょうか？ この関係を考えてみましょう。

生態学では食う者（種）のことを捕食者、食われる者（種）のことを被食者と呼びます。もし逃げ場のないような環境で被食者と捕食者を一緒に飼育すると、やがて捕食者が被食者を食べ尽くしてしまいます。ライオンとシマウマを同じ檻に入れて飼育すれば、逃げ場のないシマウマはすぐにライオンに狩られてしまうでしょう。つまり、シマウマの個体数をライオンが一方的に減らしているしているので、ライオンのほうがシマウマより強いということになります。

しかし、自然環境では様子が異なります。

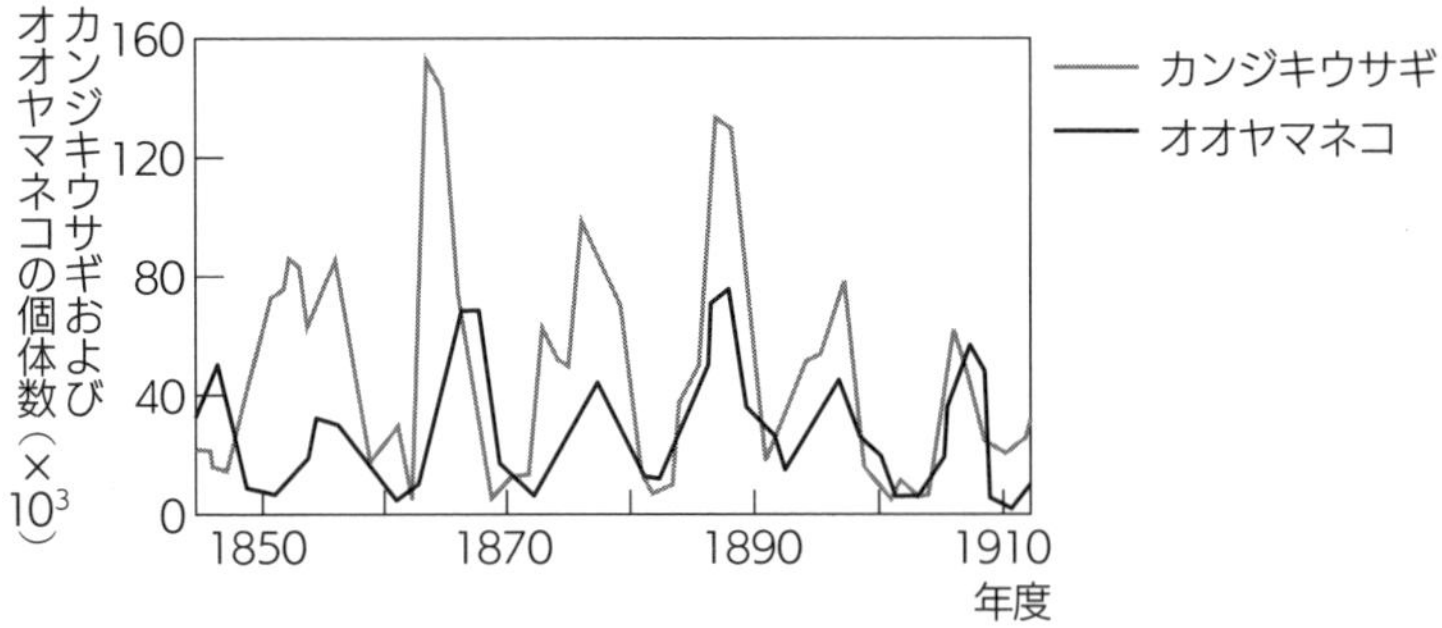

捕食者と被食者の個体数の変動：オオヤマネコ（捕食者）とカンジキウサギ（被食者）の例。いずれも周期的に変動しているが、タイミングがすこしずれているのが見て取れる。カナダで毛皮のために捕獲された数の記録にもとづく。[MacLulich（1937）の図を一部改変]

野生では、捕食者が被食者の個体数を一方的に減少させているわけではないのです。たとえば、被食者のシマウマが多い場合、捕食者のライオンに遭遇する個体が多くなり、結果としてシマウマは捕食されやすくなります。すると、ライオンの数が増えていきます。餌にありつく機会が増えるからです。ライオンの増加に伴って捕食されるシマウマも増え、シマウマの個体数は減少していきます。すると、すこし遅れてライオンの数も減りはじめます。シマウマの数が減った結果、狩りの効率が落ち、十分な餌を得られなくなるためです。ライオンから受ける被食圧が下がるので、今度はシマウマが個体数を増やします。そしてあとを追うように、ライオンがまた数を増やしていきます。

ライオンとシマウマの個体数は、お互いに呼応し合うように周期的に変動するのです。

このように、二つの生物集団（捕食者と被食者）はお互いの個体数に影響をおよぼし合います。その結果として生じる周期的な個体数の変動は、カナダのツンドラに生息するオオヤマネコ（捕食者）とカンジキウサギ（被食者）のあいだや、アメリカのロイヤル島でのオオカミ（捕食者）とヘラジカ（被食者）のあいだで実際に確認されています。

以上から、生態学者は経験則として、捕食者と被食者のどちらが生態学的に強いか決められないことを知っています。しかし、自然の観察から得られる知見は不確実です。しっかりと真偽を確かめるためには、条件を厳密にコントロールした実験で、捕食者－被食者の関係を確認しなければなりません。とはいえ、ライオンとシマウマあるいはオオヤマネコとカンジキウサギのような獣を用いた実験には広大なフィールドが必要となり、また結果が出るまで長い時間がかかります。実施可能な実験とは言えません。一方、節足動物を実験に用いれば、被食者と捕食者のあいだの個体数の関係を比較的容易に調べられます。実際にそのような実験がおこなわれました。

捕食者と被食者の共存実験

オレンジやレモンを餌にするコウノシロハダニとその捕食者であるカブリダニを用いた、カール・ハフェーカー（アメリカの生態学者）の実験は有名です。彼は、飼育槽に両者を放ち、個体数の変化を観察するという一連の実験をおこないました。

最初の実験では、オレンジをくっつけて並べた飼育槽に両者を放しました。この実験環境では、被食者に逃げ場はありません。同じ檻にライオンとシマウマを放ったかのごとく、カブリダ

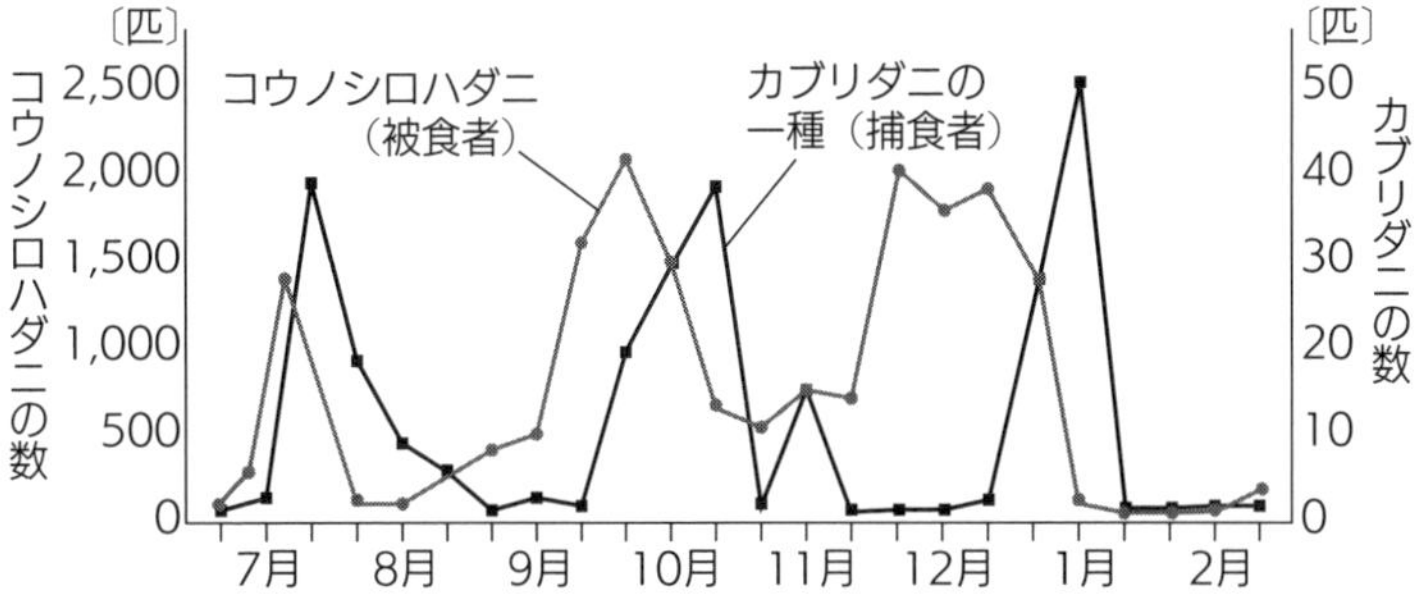

ハフェーカーの実験結果：捕食者であるカブリダニ（の一種）と被食者であるコウノシロハダニが、個体数を周期的に変動させながら共存した。［Huffaker（1958）より一部改変］

ニはすぐにコウノシロハダニを食べ尽くし、餌を失ったカブリダニも、あとを追うように全滅してしまいました。

次に、オレンジを少し離して配置した飼育槽に両者を放しました。すると、少し異なる結果が出ました。コウノシロハダニは粘着性のある糸を出して、それを伝って移動する能力をもちます。この能力を使えば、コウノシロハダニはカブリダニより速くほかの（少し離れた場所の）オレンジへと移動できるため、すぐにカブリダニに食べ尽くされることはありません。結局、カブリダニがまだいないオレンジにいち早く移動したコウノシロハダニがそこで繁殖し（個体数を増やし）、あとからやってきたカブリダニに捕食されて数を減らす（一部は逃げる）ということを繰り返しました。数十日ものあいだ、両者は共存しつづけたのです。さらに、風を送ってカブリダニの移動を妨げたり、棒を用いてコウノシロハダニの移動を助けたりすれば、両者は八ヵ月ものあいだ、個体数を周期的に増減させながら共存しつづけました。

捕食者は捕食することで被食者の個体数を減らし、被食者は捕食者から逃れることで補食者の個体数を減らしていることが、この実験で明らかになったのです。補食者と被食者のあいだにはこうした相互関係があるため、どちらが強いかは一概には決まりません。

それでは、この追いつ追われつの関係は、いつ、どのようにはじまるのでしょうか？　被食者の個体数の変化が契機となっているのでしょうか？　それとも捕食者なのでしょうか？　この問いは、「ニワトリが先か卵が先か？」の問いのごとく、答えるのは容易ではありません。しかし、生態学者は答えを知っています。少しずるいのですが、答えは「どちらでもありません」。

捕食者のいない世界

この答えは、より単純な系（全体が複数の構成要素からなり、要素どうしが影響を与え合うことで全体の秩序が保たれているもの）を考えることで得られます。被食者と捕食者が共存する系をつくるから、両者の相互作用が生じ、周期的な個体数の変化が現れてしまうのです。では、どちらか一方しかいない単純な系を考えてみましょう。

捕食者が生きながらえるためには、餌となる被食者がいなければなりません。したがって、捕食者だけの系は、原理的に考えられません。しかし、被食者（草食動物）の生存にとって捕食者の存在は必須条件ではありません。ですから、被食者だけの系を想定することは可能ですし、実際に自然界にはそのような系が存在します。

オーストラリアの乾燥地帯に住む大型の草食獣、アカカンガルーに注目しましょう。アカカンガルーの生息地には、アカカンガルーを捕食する肉食獣はいません。つまり、被食者だけの系なのです。捕食者のいない地で、アカカンガルーの個体数はどう変化するのでしょうか？　あるいは、時間がいくらたとうと一定なのでしょうか？

じつは、アカカンガルーの数は時間とともに増えたり減ったりしています。補食者がいないわけですから、この変動は捕食者のせいではありません。

それでは、何がこの個体数の変動をもたらしているのでしょうか？　じつは、アカカンガルーの個体数は、餌である草本類の量に直接的に決められているのです。草本類が多い年はアカカンガルーの個体数が増え、草本類が少ない年にはアカカンガルーの個体数が減ります。

それでは、アカカンガルーの餌である草本類の量はどのように決まるのでしょうか？　オーストラリアの乾燥地では、草本類の量は雨量に左右されます。雨が多い年には草本がよく成長し（量が増え）、雨が少なければその逆に

アカカンガルー：オーストラリアに棲息する大型の草食獣。生息地には天敵となる肉食獣はおらず、その個体数は降水量に左右される［提供：Gerard LACZ/PPS通信社］

なるのです。この雨量の増減がもたらす草本類の量の年変動が、アカカンガルーの個体数の年変動をもたらしているのです。ということは、捕食者が先か被食者が先かという問いの答えは、そのどちらでもありません。捕食者よりも被食者よりも、被食者（草食獣）の餌となる植物が先であり、さらには植物の量は天候が握っています。

以上から、生態学における強さの概念は、捕食者の狩りのための身体的な力を指しているわけではないこと、また、被食者の逃げる力でもないことを理解していただけたと思います。生態学における強さはそうではなく、どちらの種がどちらの種の個体数を減少させているかで決まるのです（もう一方を減少させる種のほうが強い）。この尺度を捕食者と被食者に当てはめると、捕食者が被食者を捕らえることで被食者の数が減少し、被食者が捕食者から逃げることで捕食者の数が減るのですから、どちらが強いかは決められらないことになります。だからこそ、捕食者が被食者より強いという一方的な関係を想定している弱肉強食の概念は、誤っていると言えます（すくなくとも、生物学の議論には使えません）。
弱い者の肉が強い者の食料となることだけを想定する弱肉強食は、自然の摂理ではないことがおわかりいただけたことでしょう。自然の摂理ではないのですから、〈弱肉強食論〉では、ヒトがほかの種を絶滅に追いやることを正当化できません。

3-2 生存競争は大量絶滅を擁護するか？

生存競争を理由にした保全不要論

前節のように説明されれば、弱肉強食が自然の摂理ではないことが簡単に理解できるはずです。そしてだからこそ、〈弱肉強食論〉は生態学的に誤っていると結論づけることができます。
しかし、次のように主張を変えることで、ヒトによるほかの種の大量絶滅を擁護できるかもしれません。

❗生存競争論

「すべての生き物は、ほかの生き物とのあいだで、生存をかけた熾烈《しれつ》な競争をおこなっています。これがダーウィンの言った〝生存競争〟で、自然の摂理です。ヒトがほかの種を絶滅に追いやっているということは、ヒトがほかの種とのあいだの生存競争に勝ったことを意味します。生存競争に負けた種が絶滅するのは当たり前のことです。生物を保全する必要はないということになります」


今度は、ダーウィンの進化理論、とくにその中で用いられている生存競争の概念を拠《よ》りどころにして、ヒトがほかの種を絶滅させている現状を肯定しようとする意見です。これを本書では、〈生存競争論〉と呼びましょう。

もしこの主張が妥当ならば、ヒトによる大量絶滅は自然の摂理に従ったもので、問題視する必要がなくなります。しかし、ダーウィンは本当にそんなことを主張したのでしょうか？　ここからは、〈生存競争論〉が生物学的に正しい主張かどうか、進化理論から検討していきます。

一九世紀に活躍したイギリスの博物学者、チャールズ・ダーウィンは進化理論を構築する際、そのカギとなる概念として〝生存競争（struggle for existence）〟という言葉を実際に用いています。ダーウィンの進化理論によれば、あらゆる種のあらゆる個体は生存競争にさらされる運命にあるのです。そして、生存競争に勝った個体のみが生存し、子を残し、負けた個体はこの世から去ります。この部分だけを取り上げると、〈生存競争論〉はなんとなく正しそうな気がします。〈生存競争論〉が本当に正しいのかくわしく検討を進めるためには、当然ダーウィンの進化理論をきちんと理解しておく必要があります。

ダーウィンの進化理論――生存競争・個体の唯一性・自然選択・遺伝

イギリス帝国海軍艦艇HMSビーグル号に博物学者として乗り込んだダーウィンは、五年にもおよぶ南半球一周の航海に同行しました。この経験と、イギリス帰国後におこなった膨大な資料整理や思考実験をもとに、彼は生存競争、個体の唯一性（変異）、自然選択、遺伝の四つの要素からなる進化理論を完成させました。その概要は以下のとおりです。

どんな種でも、生まれた子がすべて大人になり、子を残すわけではありません。すべての種で、生まれた個体の多くが自分の子を残す前に死んでしまいます。大人になり子を残せるのは、生まれた個体のほんのひと握りにすぎません。これについては、2-2節の「二つの戦略――多産多死と少産少死」の項で見たとおりです。親が多く子を産むのは当たり前のことなのですが、ダーウィンはこの当たり前に大きな意義を見出しました。つまり彼は、生まれてきたあらゆる個体は、生き残り、大人になり、繁殖するための競争にさらされている、と考えたのです。

同じ時代に生まれてきた同種の子のあいだで起こる、数少ない〝大人の席〟をめぐる熾烈な競争が生存競争です。つまり、生存競争とは同種の個体間でくりひろげられる、大人になり子を残すための競争を指します。

次に個体の唯一性の概念を紹介しましょう。ダーウィンの進化理論を理解するには、この概念の理解は避けて通れません。

生き物は同じ種であっても個体ごとに形質（姿かたちや生まれもった性質のこと）が少しずつちがい

ます。そして、個体ごとの形質のちがいは〝変異〟と呼ばれています。私たちヒトの顔は、みんな少しずつちがっていますが、これが変異の例です。ダーウィンは、個体がそれぞれ少しずつほかの個体とちがう形質をもつことを個体の唯一性として重要視しました。

　ダーウィンは生存競争と個体の唯一性というアイデアを組み合わせて進化理論を構築していきましたが、これら二つを結びつける大切な役割を果たすのが、自然選択というアイデアです。

　生存競争の末、大人になり子を残せる者とそうでない者が出てくるのは間違いありませんが、両者が運命を違《たが》える理由はあるのでしょうか？　あるとすればそれは何でしょうか？　ダーウィンはこの疑問を掲げました。そして彼は、生き残り、子を残した個体がそれをなしとげられたのには、何か理由がある（すくなくとも、完全に偶然〈運〉で決まるわけではない）はずだと考えたのです。

　ダーウィンがたどり着いた結論は、「生息する環境に適した形質をもつ個体ほど生き残りやすい」という考えでした。集団内に変異があると、個体間の形質の差が生息環境における有利／不利を生むことがあります。有利な形質をもつ個体ほど生き残りやすく、多くの子を残せる可能性が高いというわけです。これが自然選択です。

　ダーウィンは、自然選択された個体が大人になり子を残すところにも、もうひとつアイデアを加えました。親のもつ環境に適した形質は、子に引き継がれると考えたのです。遺伝と呼ばれる現象です。自然選択された形質が遺伝により子の世代へと伝わることで、親世代に比べ子の世代のほうが環境に適した形質をもつ個体の割合が高まることになります（ただしここには、世代間で環

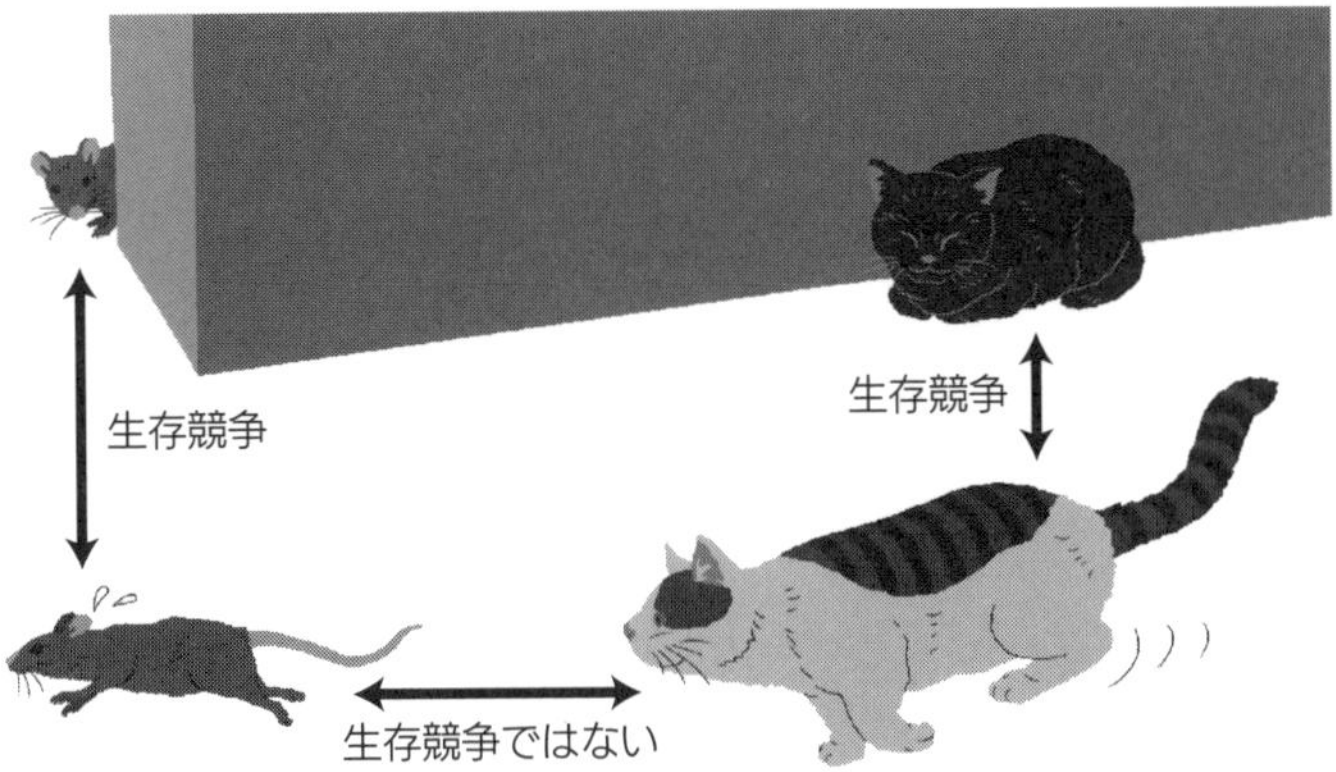

生存競争：ダーウィンの進化理論を構築する重要な要素のひとつ。あくまでも同種の個体間での生存と繁殖をかけた競争である。

境が変わっていない、という前提があります）。こうして、世代交代が進むにつれて、一個体に偶然現れた生存や繁殖に有利な形質が集団全体へひろがっていくことになるのです。
以上がダーウィンの考えた進化理論の枠組みです。つまり、進化とは、変異をもつ同種個体間の生存競争を経た世代交代に伴い、形質がより環境に適したものに変化していく現象のことなのです。ダーウィンの進化理論は発表から一六〇年たったいまなお、生物学者をふくむ多くの人から自然の摂理であると信じられています。

生存競争の本当の意味

生存競争は弱肉強食とは異なり、進化理論で用いられる、れっきとした生物学の専門用語です。しかし、ここで注目していただきたいのは、ダーウィンがどのような意味で生存競争という言葉を使っていたかです。

前項の説明のとおり、ダーウィンは、同じ種に属し、形態や生活の仕方がお互いに似通っている個体間（たとえば同じ親をもつ兄弟間）での競争という意味で生存競争を使っていました。生存競争の意味はこれ以上でもこれ以下でもありません。ある種内で起こる、個体間の生存と繁殖をかけた競争が生存競争なのです。

一方、ダーウィンは、形態や生活の仕方が大きく異なる生物どうし、たとえば捕食者と被食者を比べて、「捕食者のほうが被食者よりも生存競争で優れている」などとは述べていません。それどころか、種を異にする個体の関係については、進化理論ではまったく言及されていないのです。つまり、種間の関係は生存競争の概念の外にあります。

ということは、ヒトとそのほかの種の関係を、同じ種内の個体間でおこる生存競争と結びつけて理論武装しようとしても、それはお門違いということになるのです。〈生存競争論〉にも、科学的な根拠は見当たりません。

〈弱肉強食論〉も、〈生存競争論〉も、その根拠となる科学的な裏づけが、すくなくとも現時点ではまったくないことを理解していただけたと思います。ですから、〈弱肉強食論〉や〈生存競争論〉があたかも自然の摂理からの帰結であるかのように論じ、ヒトがほかの生物を絶滅に追いやる根拠（言い訳）として用いるのは間違っています。

生物多様性の保全の観点からの〈弱肉強食論〉や〈生存競争論〉の検討は、以上の議論で十分なのですが、次節ですこしわき道にそれることをお許しください。われわれが日常で使う場合の〝弱肉強食〟という言葉について考えてみたいと思います。じつは、弱肉強食の誤解は人間社会にある差別や不平等を肯定してしまう、危険でやっかいなものなのです。

社会ダーウィニズム
——弱肉強食の誤解がはびこった歴史

生き残るためには容赦するな！

日常においては、弱肉強食は、人と人（あるいは人集団どうし）の競争関係を表して使われる言葉ではないでしょうか。たとえば、なんらかの競技や競争で争っているライバルを蹴落とすことができる場面で、とどめを刺しあぐねている仲間に対して、

より日常的な弱肉強食論

「何を躊躇しているんだ！　勝負の世界で情けは禁物だ！　俺たちは厳しい生存競争を勝ち残らなければならないんだ！　弱肉強食の世界では非情になれ！」


という使われ方がイメージできます。つまり、争いごとの中で「手加減する必要はない」と主張する根拠としての使われ方です。そして、勝負事で非情にふるまわなければいけない根拠となる考えが、この〈より日常的な弱肉強食論〉だと思います。

加えて〈より日常的な弱肉強食論〉には、競争に敗れた者に助けの手を差し伸べる必要はない、という意味が与えられることもあるかもしれません。競争に勝った者が利益を得て、負けた者は財を失う。そして、勝者も敗者も、自らがすべての結果の責任を負う。それが競争の原理だという考えです。

人は人を食料にしていませんが、〈より日常的な弱肉強食論〉は人と人とのあいだの競争を捕食者と被食者の関係になぞらえて表現したものです。①競争には勝者と敗者が存在すること、そして②勝者が敗者から利益を得ること、を意味しています。

しかし、〈より日常的な弱肉強食論〉にも論理的な誤りが、とくに②勝者が敗者から利益を得ること、の部分にあります。ここからは、〈より日常的な弱肉強食論〉について、やはりダーウィンの進化理論を用いて考察してみたいと思います。そして、この考察を通して、〈より日常的な弱肉強食論〉の論理的な誤りを指摘します。

のび太がジャイアンに殴られるのは仕方がない？

向こうからぼろぼろになったのび太君が歩いてくるのが見えます。そして、何かぼそぼそ言っていますね。なんと言っているのでしょうか？　のび太君の言葉に耳を傾けてみましょう。

のび太の疑問

「今日もジャイアンに殴られた。弱肉強食の世界なのだから、喧嘩で強いジャイアンが、弱い僕を殴るのは自然の摂理だと言われたよ。僕がジャイアンに殴られることは、本当に自然の摂理で、仕方がないことなのだろうか……？」

のび太君のくせに哲学的な発言をして、生意気ですね。
すまないのび太君、ただの軽い冗談のつもりだっただけで、僕は君をこれ以上傷つけるつもりはなかったんだ。こんなことを言ってしまったあとでは信じてもらえないかもしれないけれど、私は君の味方だ。つまり、弱肉強食を理由に君がジャイアンに殴られる筋合いなんてどこにもないことを示して、いまから君を擁護しよう！

しかし、この悶着では一見、ジャイアンのほうに分《ぶ》があるようにも思えます。ジャイアンの主張は、生存競争の概念により正当性が擁護されているらしいからです。前節では、種間の争いは生存競争にあたらないことを理由に、〈生存競争論〉を否定しました。一方で、ジャイアンとのび太君の喧嘩は同じ種に属する個体間の競争ですから、ダーウィンが進化理論で想定した生存競争に当てはまりそうです。ヒトとその他の種との関係に用いられる〈生存競争論〉のように、〝お門違い〟にはなりません。この場合は、生存競争を引き合いに出しても問題がなさそうです。

さらに、のび太君にとって都合が悪いのは、前節で紹介したとおり、生存競争はダーウィンの進化理論で使われた生物学の用語であるという点です。加えて、ダーウィンの進化理論といえば、生物学の一大理論であり、自然の摂理でもあります。ジャイアンの言い分は、進化理論に照らし合わせても非の打ちどころがないように聞こえます。

では、仮にジャイアンの理屈が正しいとしましょう。すると、腕力に劣り、喧嘩に負けたのび太君は、ダーウィンの進化理論に従い、この世から去らなければならないのでしょうか？

そこまで言われると、きっとみなさんは違和感を覚えることでしょう。ということは、ジャイアンの進化理論を用いた言い分は、どうやら首尾一貫した説明ではなく、どこかに論理的な瑕疵《かし》がありそうです。では、どこに論理的な問題があるのでしょうか？　違和感の出所はどこでしょうか？　この点を検討してみましょう。

ジャイアンの二つの誤り

のび太君はジャイアンから、生存競争を闘っている以上、ジャイアンに殴られることは当然受け入れなければならない自然の摂理だという説明を受けました。まずは、このジャイアンの理屈を整理してみましょう。

ジャイアンの理屈は、次のようにまとめられるでしょう。

❗ジャイアンの生存競争論

「ジャイアンとのび太君は、強い者が生き残り、弱い者が消える約束の生存競争を闘っている。喧嘩で負けたということは、生存競争に負けたことに等しい。だから、のび太君はジャイアンに殴られることを受け入れなければならない」


この論をよく見てください。きっと、二つの大きな論理の飛躍があることに気がつくと思います。

ひとつ目は、生存競争の意味のとりちがえです。生物学において、生存競争はダーウィンの定義しかありえません。つまり、生き残り、子を残すための競争が生存競争です。そして、喧嘩の強さは生存競争とはなんの関係もありません。喧嘩の強さをあたかも生存競争の強さと見立てている点がひとつ目の誤りです。

ふたつ目の間違いは、喧嘩の強さが遺伝する形質かどうかもわからないまま、進化理論における重要な形質と考えている点です。ダーウィンによれば、個体のもつ形質が生存競争の勝敗を分けます。ただし、彼の進化理論で注目されているのは、あまねく形質の中で〝遺伝する形質〟にかぎられています。

次項から、これら二つの論理的な瑕疵をそれぞれくわしく解説していきます。

誤りその①――腕っぷしは生存能力に直結しない

〈ジャイアンの生存競争論〉のひとつ目の間違いは、生き残ることとも、子を残すこととも無関係の勝負事（たとえば喧嘩）を短絡的に生存競争に結びつけてしまっていることです。

もちろん、ジャイアンは喧嘩ではのび太君を圧倒します。腕力という尺度では、ジャイアンがのび太君より強いことは明白です。しかし、喧嘩の強さが生存競争を左右する形質かどうかは、わかりません。すくなくとも現代の社会では、喧嘩が強いからといって、生き延びたり子を残したりするうえで必ずしも有利だとはいえないからです。

それにのび太君には、ジャイアンにはなさそうな、生存競争に有利に働きそうな長所がたくさんあります。たとえば、優しい心です。優しさという尺度では、ジャイアンよりのび太君のほうがずっと強いでしょう。そしてだからこそ、しずかちゃんは結婚相手にジャイアンではなく、のび太君を選んだ（選ぶ）のです。

人間社会ではたくさんの競争があります。かけっこ、算数や国語のテスト、大学入試、さまざまなスポーツの競技、私たち研究者が曝《さら》されるアカポス（アカデミックポストの略。大学や研究所で研究に携わる職）をめぐる争い、……。これらの競争では、たいてい勝敗がはっきりと分かれます。しかし、こうした勝敗が明確に決まる一つひとつの競争の結果を、生物学の概念である生存競争と結びつけるのは間違いであり、危険な考えです。これら個別の競争の結果が、生存競争（生存し子を残すための競争）と関係するどうかは、まったくわかっていないからです。

このように、〈ジャイアンの生存競争論〉には、あらゆる競争を簡単に生存競争と言い換えるところに論理の飛躍があり、だからこそ受け入れることができません。

人間社会では、生き残り、子を残せるかどうかは複雑な要因に左右されます。ヒトの生存競争には生物学的な要素以外にも、文化的および社会的なたくさんの要素（そして、運）も絡んでいるのです。そして、どんな要素がどの程度影響するのかはよくわかっていません。生存競争が何にどの程度左右されているかまったくわからない状況で、勝負の結果が明白だからというだけの理由で、スポーツや勉学の競争を生存競争と結びつけるのは、まったくの間違いなのです。

だからのび太君、次にジャイアンに殴られそうになったときは、ジャイアンにこういってやりなさい。

❗ジャイアンへの反論

「ジャイアン、君は僕より喧嘩に強いかもしれないけれど、生存競争で僕より秀でているとはかぎらないんだ! だから、生存競争を盾に僕に暴力を振るうのはやめたまえ!」

……まぁ、ご乱心のジャイアンが暴力を振るうのをやめてくれるとはかぎらないけれども。

誤りその②――腕っぷしが遺伝するとはかぎらない

喧嘩の強さを生存競争の文脈で用いることには、ほかにも誤りがありました。喧嘩の強さという形質が遺伝するかどうか、つまり子に引き継がれるかどうかがまったくわかっていない点です。ダーウィンの進化理論で論じられているのは、遺伝する形質にかぎられていました。

形質には、遺伝的に固定されたものとそうでないものがあります。「遺伝的に固定された」とは、その形質の設計図(遺伝子)がゲノムに書き込まれた状態を指します。そして、遺伝的に固定された形質は子孫に伝わります。進化において重要なのは遺伝する形質だけです。

遺伝的に固定された形質には、たとえば、遺伝の法則を発見したことで有名なグレゴール・ヨハン・メンデルが実験で用いた、エンドウマメの形質があります。メンデルは、エンドウマメのさまざまな形質、たとえば、豆の色、花の色、背の高さなどに注目して交配実験をおこないました。そして、親個体と娘個体のあいだの形質の関係などを精査することで、遺伝の法則を導き出したのです。こうした遺伝する形質のみが進化理論では重要視されています。

一方、遺伝的に固定されていない形質にはどんなものがあるでしょうか？　一般に、個体が生まれてからの努力や学習などの経験によって得た形質が、これに当たります。

日本では、日常生活で英語を用いる機会がとてもかぎられていて、英語にふれる機会がほとんどない生活を送っている人が多いと思います。そして、経験不足のために、英語を上手に話せない人のほうが多数派でしょう。さて、そんな中で血のにじむような努力をして、英語がペラペラになった人がいるとしましょう。その人に子どもができた場合、その子どもの英語能力はどうなるでしょうか？　親の〝英語が話せる〟という形質を引き継ぎ、日常的に英語にさらされたり、英語を使う経験や学習がまったくなかったりしても、生まれながらに英語をペラペラと話せるように成長してゆくでしょうか？　そんなわけはありませんね。親が努力によって獲得した英語力は、子どもには遺伝しません。この例が示すように、個体が経験によって獲得した形質は、遺伝的に固定されないのです。

遺伝しない形質は進化と無関係です。そして、喧嘩の強さが遺伝する形質なのかはまったくわかっていません。にもかかわらず、喧嘩においてダーウィンの進化理論を持ち出すのは、論理的に間違っていると言わざるをえないのです。

このように、〈ジャイアンの生存競争論〉は、二つの大きな間違いを犯しています。〈ジャイアンの生存競争論〉は、ダーウィンの進化理論、とくにその中で用いられる生存競争の概念に論理的後ろ盾を求めていました。しかし、論理的に間違っているそのようなへ理屈は、とうてい受け入れるわけにはいきません。つまり、のび太君はジャイアンに殴られる筋合いなんて、まるでないのです。

社会ダーウィニズム

〈ジャイアンの生存競争論〉は誤謬《ごびゅう》でした。しかし、この間違いを犯したのはジャイアンだけではありません。たとえば一〇〇年くらい前の出来事ですが、多くの人が同じ過ちを犯してしまったことが知られています。さらに悪いことに、当時の知識人、財界人、政治家たちが持論を擁護するために、こぞって〈ジャイアンの生存競争論〉と同様の誤謬を展開してしまいました。その社会へのインパクトはそうとう大きなものでした。ここでは、生物学の黒歴史である社会ダーウィニズムを紹介しましょう。

ヒトの社会がつくられると、その中に社会的な弱者と強者が現れます。それはいまも昔も同じです。社会にはお金持ちもいますし、貧乏な人も現れます。人種や性による差別も存在し、差別は社会的な強者と弱者をつくってきました。そうした不平等や差別を肯定する考えとして現れたのが社会ダーウィニズムです。

社会ダーウィニズムは、ダーウィンの生存競争の概念を人間社会がもつ構造に当てはめ、「お金持ちは生存競争で勝った者、貧乏な人はそれに敗れた者」というふうに認識する考え方です。そして、そう考えることで、「人間社会に不平等が現れるのは自然の摂理だ。したがって、不平等を是正する必要などどこにもない」と、社会に存在する格差を肯定することに（一時的に）成功したのです。一見論理的に見えてしまう社会ダーウィニズムには、〈ジャイアンの生存競争論〉に対して指摘した二つの大きな間違いが潜んでいます。しかし、当時（いまもそうかもしれませんが）、多くの人がその間違いに気づくことがでず、論理的に筋の通った考えとして受け入れてしまったのです。

ドイツでは社会ダーウィニズムは、ナチズム（Nazism、ドイツ・ナチ党の思想原理）へとつながっていきました。戦力に勝る民族や国家が戦力に劣る民族や国家を支配することは生物学的に肯定され、もっとも優れた民族がほかの民族を支配・駆逐するのは生存競争の観点から当たり前の帰結だ、と説いたのです。

また、社会ダーウィニズムはイギリスやアメリカでも流行しました。アメリカの自動車産業で財をなしたヘンリー・フォードも、「つぶれる会社を救う必要も、破産した人を救う必要もまったくない。弱肉強食の世界の中で、彼らは生存競争に敗れたのだから」と持論を展開していました。アメリカで社会ダーウィニズム的思想をけん引したウィリアム・サムナーは、適者生存（優れた形質をもったものが生き残るという概念）と弱者の淘汰（生存競争に敗れたものがこの世から去ること）を理由に、経済活動の規制や社会保障などは無用な政策だと主張しました。

欧米だけではありません。日本の一部の知識人が熱狂的に社会ダーウィニズムを支持したこともありました。明治時代のことです。

社会ダーウィニズムにより、社会的不公平だけでなく、人種差別や性差別が正当化されてしまったのです。

しかし、この本を読んでいるみなさんならば、社会ダーウィニズムがいかに稚拙で、誤った考えにもとづく、危険な思想かおわかりだと思います。お金をどれだけもっているかは、進化理論が重視する生存競争の尺度ではありません。どの民族が優れているかなど、戦闘能力で決められるはずもありません。自分たちが秀でている部分だけを取り出して、それを根拠に自分たちがすべての面で優れていると主張するのは詭弁《きべん》にすぎないのです。

いまとなっては、ほぼすべての生物学者が〝社会ダーウィニズム〟と聞くだけで眉を顰《ひそ》め、嫌悪感を示すようになりました。しかし、たった一〇〇年前の（生物学者もふくむ）人々は、その概念の間違いに気づくことができませんでした。一部で受け入れたことさえもあったのです。つまり、ジャイアンと同じ間違いを、多くの人が犯してしまったということです。

現代のタブー――生物学の知見を安易に当てはめてはいけない

現代では、複雑な社会と文化をもった人間に、進化理論をはじめとする生物学的な知見を安易に当てはめるのはタブーとされています。

生物学では、社会性をもつモデル動物として、アリが研究されてきました。アリの社会を見ると、働いているのは二割だけで、残りの八割はどう見ても働いているようには見えないそうです。この生物学的な知見にもとづいて、「もうやめた！　働くのはばからしい。私は（八割の）アリのごとく、いまからサボってサボって堕落してやる！」と主張したとしても、「アリのモデルは人間には当てはまらないよ」と諌《いさ》められて終わりでしょう。人間独自の社会や文化、倫理的な価値観を考慮せずにヒトを語ることなどできるはずがないのです。

社会的不公平や格差に話を戻しましょう。残念ながら、現在も社会の中のさまざまな不公平は解消されていません。フランスの経済学者、トマ・ピケティのように、社会的な格差は時間とともにひろがっていると指摘する専門家さえいます。しかしながら、社会が抱える不公平や格差に私たちがどのように対応していけばよいかという問題は、ただちに答えにたどり着けるような単純な問題ではありません。慎重な議論が必要なのです。

このとき、もっとも避けなくてはいけないことは、自分の利益を守るためだけに、自分に都合のいい、それでいて論理的に問題のある持論を振りかざすことです。「論理的に矛盾のない主張をぶつけ合ったときのみ、答えにたどり着くことができる」と肝に銘じておかなければなりません。

この章では、ほかの種の個体数を減らすことができる種が、減らされる種よりも強いという、生物学の強さの尺度を紹介しました。この尺度をヒトに当てはめると、ほかの種の個体数を一方的に激減させているヒトは、世界最強の種だということになります。こんな種が現れたのは、地球の生命の歴史上初めてのことです。

一方、〈弱肉強食論〉や〈生存競争論〉は誤った考えであり、ほかの種より強いという事実は、ほかの種を絶滅させる免罪符にはなりえないことも理解できたと思います。それでは、ほかの種を絶滅させるだけの強力な力を手に入れてしまったヒトは、彼らとどのような関係を築いていくべきなのでしょうか？　生き物の保全は必要なのでしょうか？　必要だとすると、その理由はどこにあるのでしょうか？　これらの問は、ヒトがすさまじい力を手に入れてしまったからこそ突きつけられた難題です。

第４章では、「生き物の恵みを得るために、生物多様性を保全しよう」という考えについて検討しましょう。

第4章

トキやパンダは役に立つ？

──脆弱な〈役に立つから守る論〉

4-1 役に立つ種

第1章で現在進行中の六度目の大量絶滅の深刻さを、第2章でその原因が人類にあることを知り、第3章では、ヒトがほかの生き物を絶滅に追い込んでいる状況を〈弱肉強食論〉や〈生存競争論〉では正当化できないことを学びました。これだけでも、私たちが生き物を保全すべきと考える理由として十分な気もします。しかし、そうは言っても、これらの事実と「本当に生き物が守るべき対象なのか？」はべつの問題です。つまり、もしかすると、べつに守る価値のない存在を失いつつあるだけかもしれないのです。
私たちはいままでに、生活スタイルの変化とともに多くのものを失ってきました。たとえば、日本では明治時代くらいまでは、馬車が町中をよく走っていたようですが、いまでは見かけることはまずありません。日本において馬車は絶滅しかけているということです。しかし、馬車を利用すべきだ、とか馬車を守るべきだといった強い主張は、いまのところ聞こえてきませんね。時代とともに、何かが失われていくことは当たり前なのかもしれません。
そう考えると、「失われつつあるから」という理由は、ノスタルジーにすぎず、生き物を保全する理由としては不十分ということになりそうです。つまり、依然として、「生き物を保全する理由はあるのだろうか？」という疑問は残ったまま、ということになります。
そこで第4章と第5章で、生き物を守る意義・理由について考えていきたいと思います。本章では、生き物を保全すべき理由としてよくあげられる、「生き物は人類の役に立つから」という主張について検討します。

〈役に立つから守る論〉——生き物の恵みとは

序章で考えた問題を思い出してください。それは次のようなものでした。

❗ トキ・パンダ問題

トキ、パンダ、ライオン、……多くの生き物が絶滅しかけています。私たちは彼らを絶滅から守るべきでしょうか？　それとも特別なことをする必要はない（絶滅は、しかたがない）のでしょうか？　どちらかを、理由とともに選んでください。

この問いを学生に投げかけたときに返ってくる答えの中で圧倒的に多いのは、

❗〈トキ・パンダ問題〉への解答例B

「守るべきだと思う。なぜならば、彼らがいないと人間の生活が不便になるからです」


というものです。たしかに、生き物の保全を訴えるとき、生き物が人間の役に立っているからという理由は、あまた思いつく理由の中でももっともわかりやすく、強力なものでしょう。この「生き物は役に立つから保全すべき」という考えを、本書では〈役に立つから守る論〉と呼ぶことにしましょう。

学生たちが答えたように、たしかに生き物は人類の役に立っています。こうした生き物の側面は〝生き物の恵み〟（あるいは〝生物多様性のサービス機能〟）と呼ばれています。私たちの生活には生き物の恵みが不可欠です。

ひと口に〝生き物の恵み〟といっても、さまざまなものがふくまれます。国連の呼びかけで二〇〇一年から五年をかけて実施されたミレニアム生態系評価になぞらえて考えると、生き物の恵みは大きく四つに分類できます。それは、私たちの生活の基盤を支えてくれる〝基盤サービス〟、私たちの暮らしの安心を支えてくれる〝調整サービス〟、私たちに豊かな物資を与えてくれる〝供給サービス〟、そして、私たちの文化や精神面を豊かにしてくれる〝文化サービス〟です。そ

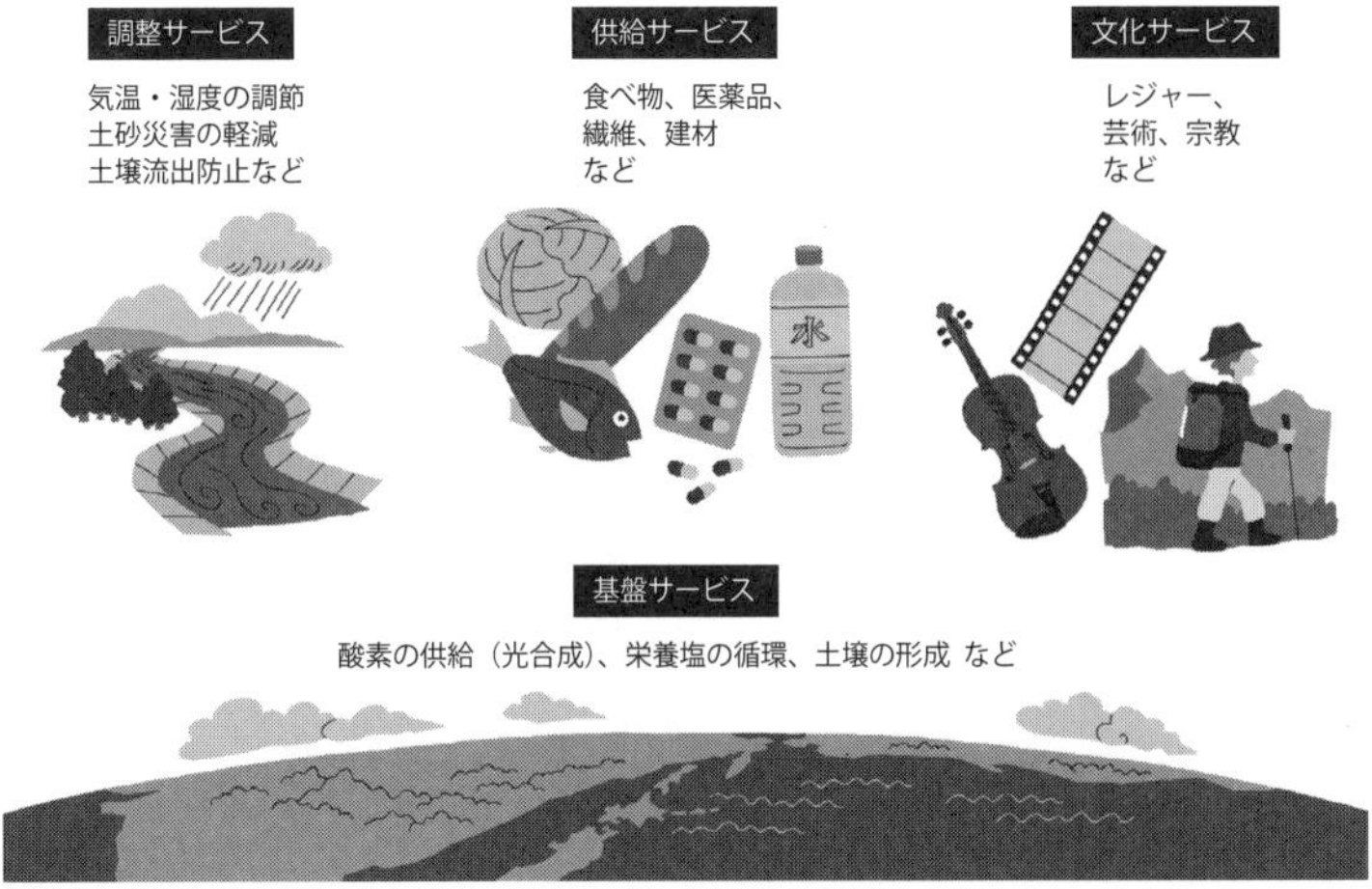

生き物の恵み：大きく基盤サービス、調整サービス、供給サービス、文化サービスの4つに分けられる。

れぞれを説明しましょう。

基盤サービスには、植物など光合成をする生き物によっておこなわれている酸素の供給、安定した栄養塩の循環、豊かな土壌の形成などが該当し、これがなければ、人類は生存さえできません。暮らしに安心を与えてくれる環境確保の調整サービスといえば、植物による気温と湿度の調節や、山肌を覆う植物による土砂災害の土壌流出防止などを指します。文化サービスは、レジャーや芸術、宗教と密接にかかわった生き物の恵みです。ただし、これらのサービスは、それを提供してくれるたった一種の生き物がいれば成り立つ恵みですから、必ずしも多様な生物が必要というわけではありません。

最後に説明するのは供給サービスです。私たちは生き物を食べ物として、医薬品として、あるいは遺伝子改良の部品として利用しています。木材などの建材もしかりです。こうした、私たちの日常生活に必要な物資の供給が、供給サービスです。また、近年は生き物の機能を模倣した製品の開発（バイオミミクリー）が盛んにおこなわれており、間接的ではありますが、これも生き物による供給サービスの一種と言えるでしょう。

次項からは、生き物の恵みの中でもとくにわかりやすい概念である供給サービスに注目して、〈役に立つから守る論〉の妥当性を検討してゆきます。

役に立つ生き物――食物編

人類の生活に必須の衣食住は、いずれも生き物の供給サービスに支えられており、ノービオ生活（生物資源をまったく使わない生活）など想像できません。私が今日着ているレッドツェッペリンのロゴ入りTシャツは綿一〇〇パーセントです。私はコットン派なので、綿が使えなくなると着るものに困ってしまいます。それに加えて、生き物の恵みを口にしない人はいません。そして、私の住居にはたくさんの木材が使われています。

これだけでも、生き物の恵みがヒトの生活に欠かせないことを理解できますが、もう少しだけ個別の事例を紹介しましょう。まずは世界で多くの人が主食としているパンコムギです。パンコムギは、たび重なる品種改良を経てきましたが、その歴史を遡ると、野生の生き物にたどり着くことがわかっています。

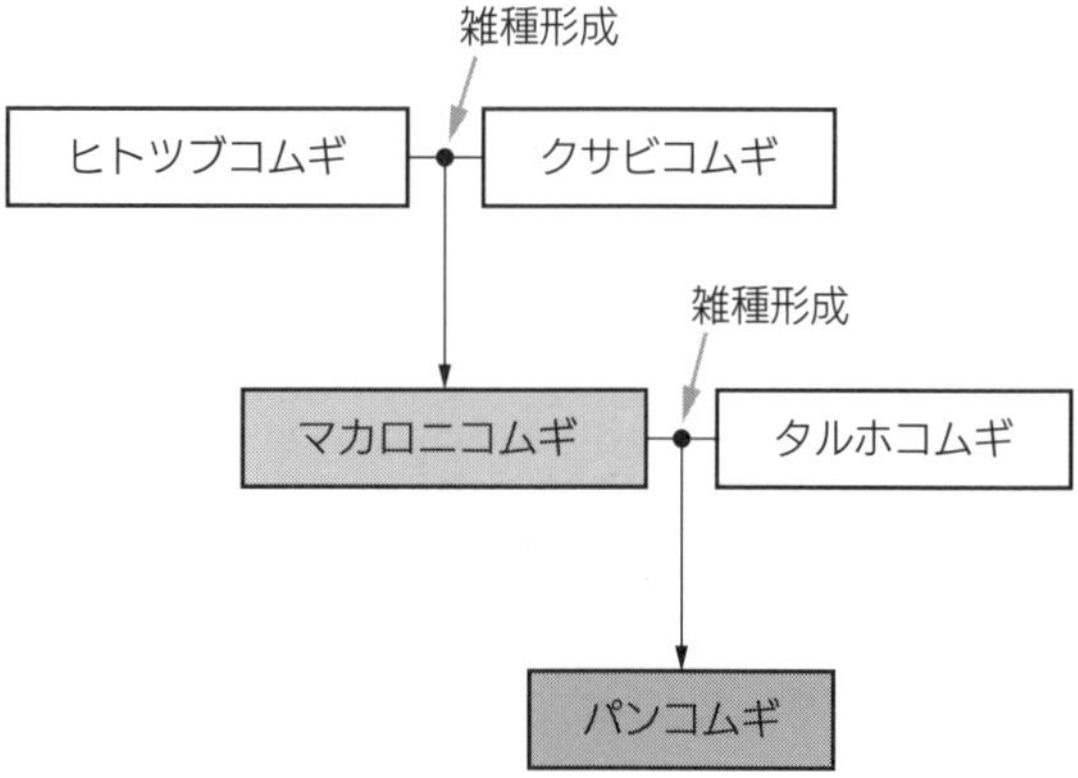

パンコムギの歴史：3種のイネ科の原種（雑草）がかかわる複雑な雑種形成を経て、パンコムギが生まれた。

コムギの仲間は農業開始時から利用されていたと考えられています。パンコムギの利用・栽培がはじまったのはそれよりずっと後になってからですが、その起源が遺伝学者の木原均によりくわしく論じられました。木原の研究によると、パンコムギは、畑の雑草として知られる三種のイネ科の原種（クサビコムギ、ヒトツブコムギ、タルホコムギ）がかかわる複雑な雑種形成を経て誕生したそうです。つまり、これら三つの雑草が私たちの現在の生活を支えてくれているということです。

パンコムギのように、野生の生き物が人類の生活をより豊かなものに変える事例は、いまも増えつづけています。たとえば、最近、野生のトマトのもつ遺伝子が栽培トマトの遺伝子改良に活かされ、おいしくて大きなトマトが生産できるようになりました。その経済効果は八〇億円におよぶそうです。

日本人も食べているトウガンは、アジアでは知名度が高いものの、欧米ではほとんど知られていません。

欧米の人からは、トウガンの実の急速な成長や大きさは驚異的に見えるそうです。そして、今後、生産力の高い有望な作物として全世界にひろまっていく可能性が高いと言われています。

食べ物の品種改良の材料となりうる植物の中でも、現在とくに前途有望と考えられているものを紹介しましょう。コメやコムギとともに世界三大穀物のひとつであるトウモロコシは、総生産量で見ると、日本人が主食としているコメを超えています。そして、今後、トウモロコシの生産に革命をもたらすかもしれないのが、メキシコ南西部のハリスコ州の山地で見つかり、一九七〇年代に新種記載された原始的なトウモロコシ、ブタトウモロコシです。ブタトウモロコシのすごいところは、多年生の性質をもつことです。

現在、人類が栽培しているトウモロコシはすべて一年生で、つまり、生産するためには毎年毎年苗を植え替えなければなりません。そこへきて、多年生のトウモロコシが見つかったのです。この多年生という性質を栽培トウモロコシに利用できれば、トウモロコシ農家は面倒な植え替えから解放されると予想されます。

このような将来有望な野生植物がほかにも、私たちに見つからないまま世界のどこかでひっそりと生きているはずです。

役に立つ生き物——医薬品編①

おなかが痛くなったり頭が痛くなったり体に不調をきたしたとき、ドラッグストアや薬局に薬を求めに行く人は少なくないでしょう。しかし、世界中のすべての人がこうした方法で薬を手に入れているわけではありません。世界を見渡すと、こうしたライフスタイルのほうが逆に少数派のようです。じつは、世界人口のほとんどが動植物から直接得られる薬を健康管理に用いている、と言われています。発展途上国で使用される薬の四分の三は動植物から直接抽出されるものですし、私たち日本人もつい最近まで、草木を薬草と称して利用してきました。生き物による薬の供給サービスの恩恵を受けてきたのです。

それに加えて、私たちがふだんドラッグストアなどで購入し、何気なく使っている薬の多くも、その起源を生き物に求められます。そんな例として、アスピリンを紹介しましょう。

アスピリンという薬はアセチルサリチル酸という化学物質のことで、解熱鎮痛剤としてよく利用されています。アスピリンという名前にピンとこない読者もいるかもしれませんが、ライオン株式会社が販売しているバファリンAの主成分といえば、アスピリンが意外と身近にあることを感じていただけるでしょう。

日本ではライオン株式会社が販売していますが、世界的なアスピリンの製造元はバイエル社（ドイツ）です。バイエル社によると、アスピリンの年間生産量は五万トン、一〇〇〇億錠におよぶそうです。一〇〇〇億錠……まったく想像のつかない数字ですが、頭の中ですべてを積み重ねてみましょう。錠剤の厚さを〇・四センチメートルとして、一〇〇〇億錠を積み重ねると四〇万キロメートル、これはほぼ月に届く高さです（地球と月の距離はだいたい三八万キロ）。人類がとてつもない量のアスピリンを摂取していることがわかりますね。現在、アスピリンは化学的に製造されていますが、その開発には、野生の生き物が欠かせませんでした。

優れた解熱鎮痛作用をもつアセチルサリチル酸と人類のつき合いはとても長く、紀元前にまで遡れます。古代ギリシア人はヤナギの枝や樹皮を鎮痛剤として利用していたことが知られているのですが、ヤナギが樹体内で生成するアセチルサリチル酸の効果を利用していたのでしょう。日本でも、「ヤナギの爪楊枝が虫歯によい」などと言われることがありますから、やはりアセチルサリチル酸の鎮痛作用に気がついていたようです。

そして、ヤナギの鎮痛作用をヒントにつくられたのがアスピリンです。ヤナギのもつ解熱鎮痛効果の有効成分が単離され、アスピリンの開発につながりました。振り返って考えると、人類がアスピリンを利用できるようになったのは、ヤナギが鎮痛解熱効果をもっていたからにほかなりません。

役に立つ生き物――医薬品編②

人類の生活を安全にしてくれた薬としてもうひとつ、〝二〇世紀最大の発明〟とも評されるペニシリンを紹介しましょう。ペニシリンは一九二八年に発見され、一九四〇年代に抗生物質（微生物を破壊、もしくはその成長を阻害するはたらきをもつ化学物質のこと）として製品化されました。

ヒトの体を蝕《むしば》む病気のなかには、病原菌によりもたらされるものがあります。ペニシリンの開発以前は、こうした病気にかかってしまうと、ただただ回復を祈ることしかできませんでした。しかし、ペニシリンの登場により世界は一変しました。人類は、病原菌による感染症を治療する術《すべ》を手に入れたのです。

ペニシリンの発見にも、野生の生き物が密接にかかわっていました。

イギリスの細菌学者、アレクサンダー・フレミングは、ペニシリンを（偶然に）発見した功績でノーベル生理学・医学賞を受賞しています。彼は研究室で、肺炎や食中毒の原因となることで知られる黄色ブドウ球菌を培養していました。そのとき、菌を培養していた場所（培地）に偶然アオカビの胞子が入り込み、アオカビが付着した部分の黄色ブドウ球菌が死滅してしまいました。そのアクシデントがペニシリンの発見のきっかけになったそうです。

アオカビの胞子などの目的外の生き物が培地に侵入することは、〝コンタミ（汚染）〟と呼ばれ、最悪の失敗実験として嫌われます。ふつうの研究者ならば、コンタミが起こった培地はすぐに廃棄処分することでしょう。しかしフレミングはちがいました。彼はコンタミの起こった培地を注意深く観察し、アオカビのまわりに黄色ブドウ球菌が生えないことに気づきました。そしてアオカビの働きには重要な価値があると考え、コンタミした培地を新たな研究に利用したのです。

フレミングによるペニシリンの発見は、〝予期せぬ偶然の発見（セレンディピティ）〟の典型例として有名ですが、この発見にはサイドストーリーもあります。どうやら彼の研究室は激しく散らかっていて、培地にカビが生えるまで部屋を掃除していなかったらしいのです。病原菌を扱う実験室としてはありえない劣悪な環境が、アオカビのコンタミを許し、ペニシリンの発見にいたったらしい、とまことしやかに伝えられています。

また、彼は黄色ブドウ球菌の培地をつくったまま夏季の家族旅行に出てしまい、長いあいだ培地をほったらかしにしていたそうです。これもアオカビのコンタミを許した要因のひとつと考えられています。夏季休暇は大切ですね。

4-2 論理的にアウト
——〈役に立つから守る論〉の問題点

これまで見てきたとおり、生き物は私たちの生活にとても役に立っています。このことを根拠に、生き物の保全を主張できるかもしれません。〈役に立つから守る論〉はとてもわかりやすく、多くの人から賛同を得られやすいのですが、じつはたくさんの問題点をはらんだ諸刃の剣でもあります。本節ではその問題点を指摘していきます。

九九パーセントの役立たず

〈役に立つから守る論〉の問題点は次の質問から浮かび上がります。人類の役に立たない生き物には、どのように対応すればよいのでしょうか？　パンダやトキは絶滅が危惧され、手厚く保護されています。それではあえて訊きましょう。パンダは役に立っているのでしょうか？　トキがいないと誰かが困るのでしょうか？

「パンダはかわいい。パンダを見ると気持ちがなごむ。だから、役に立っている」という意見はあるかもしれません。ではトキはどうでしょうか？

トキは、個体数が減少するまでは、食糧生産を邪魔する〝害獣〟という扱いを受けていました。というのも、トキは田んぼを狩場にして、植えたばかりの苗などおかまいなしに小魚たちを狩っていたのです。このとき、多くの苗が踏みつけられ、ひどいときは植えた苗の二〜三割がだめになってしまうこともあったそうです……。「役に立っているか？」という単一の評価軸では、トキはアウトかもしれません。

パンダ：絶滅危急種。保全活動の成果により個体数がいくらか回復したが、依然として絶滅の危機が去ったわけではない。［提供：AGE/PPS 通信社］

トキ：絶滅危惧種。現在は生物保全活動の象徴的な存在だが、かつては害獣とみなされていた。役に立つどころか迷惑な存在だった［提供：イメージアイ/PPS通信社］

そもそも、役に立つ生き物というのはどのくらいいるのでしょうか？　人類の生活が生き物の恵みに支えられていることは明らかですが、供給サービスとして私たちの生活に直接的に貢献している種は、ごくわずかにすぎません。生物学者は、われわれが利用している種は、どれだけ多く見積もったとしても、これまでに命名記載された種全体の一パーセントにも満たないと考えています。だとすると、大多数（九九パーセント）の種はトキと同じように私たちの生活に役立っていないことになります。役に立つ種を保全するという原則を適用すると、生き物のほとんどは、保全の対象にはならないのです。さらに、保全対象になるかどうかが人にとっての有用性によって決まるということは、利用価値がなくなった種は見捨てられてしまう可能性さえはらんでいます。

〈役に立つから守る論〉では、保全の対象となる種が限定されすぎてしまい、結局、ほとんどの種を守れません。つまり、この理由でおこなう保全は、利用されていない生き物の命を蚊帳《かや》の外に置くことになってしまうのです。こうした命まで保全するためには、「役に立つ」「かわいい」

「かわいそう」以外の理由が必要になります。

将来役に立つかも？

いま人類が利用していない九九パーセントの種を保護する根拠として、未来の利用の可能性を指摘することができるかもしれません。人類がまだ気がついていないだけで、もしくは科学技術の進歩が不十分なため利用方法がわからないだけで、いま利用されていない九九パーセントの種にもなんらかの有益な使い道があるかもしれません。これらの種は〝未開発の富〟だという指摘です。

歴史を振り返ると、この予想は正しそうです。前節で紹介したアオカビにしても、人類がその（ペニシリンとしての）利用法に気づくまでは、利用できない九九パーセントの一部だったのですから。利用できることに気づく前に、有用な種を絶滅により失うことは賢明な行為からかけ離れています。

前節で紹介したブタトウモロコシの例からも、将来役に立つ（はずの）種を絶滅により失ってしまう可能性は理解できます。この種の生息する面積はとても狭くて、発見時、すべての個体が〇・五ヘクタール（五〇メートル×一〇〇メートルの長方形の面積に匹敵）より小さな面積の土地でひっそりと生きていました。もし誰かが、将来有望なトウモロコシの原種が生息していることを知らずにその土地を開発してしまえば、未来の大きな可能性を摘んだことになります。幸い、そうなる前にトウモロコシの原種を見つけられましたが、拙速な開発が将来有用な生き物を絶滅させてしまう可能性は小さくないでしょう。

たしかにこの論が主張するとおり、現在の人々が種を絶滅させることは、未来の人々がその種を利用する可能性を奪うことにほかなりません。これは不公平な気がします。世代間の不平等といったところでしょうか。

もっと強い調子で言うと、

現在世代の義務論

「この不公平を是正するために、生物多様性を次世代に残すことは現在世代の義務である」


ということになるかもしれません。この議論は生物多様性だけでなく、さまざまな資源についても当てはまりそうです。かぎられた量しか存在しない石油やレアアース、リン鉱石などを現在世代が使い尽くしてしまうことは、将来世代がそれらの資源を利用するチャンスを奪うことになります。

それにしても、この〈現在世代の義務論〉にはどのような根拠があるのでしょうか。あらゆる資源を将来世代が利用できるように残すことは、本当に現在世代に課された義務なのでしょうか？〝世代間倫理〟として知られるこの問題について、検討してみましょう。

現在世代は将来世代に対する義務を負うか？

残念ながら現代の倫理学では、世代間に生じる義務を問えるだけの論理的な整備はなされていません。つまり、「現在世代が将来世代のために生物多様性をふくめたあらゆる資源を残す義務などは（いまのところ）ない」というのが結論です。腑に落ちない方もいらっしゃると思うので、この結論にいたるロジックを解説しましょう。

倫理学において〝義務〟とは明確な概念で、〝権利〟と対をなしています。

権利とは任意の個人に備わっていて、個人と個人のあいだ、または個人と社会のあいだに発生します。ある個人か社会（Xとしましょう）が他者（Y）とのあいだで、ある権利（Zについての権利）をもつということは、XがYにZを要求することに正当性が認められることを意味します。

このときYには、XのZについての要求を認める義務が発生します。YはXの（Zについての）権利を守ってやらなければならないのです。

では、人（社会）はなぜ、他者の権利を守らなければならないのでしょうか？　答えは簡単です。権利をもつ者と義務を負う者とが入れ替わることが想定できるからです。自分の権利を守るためには、他人の権利も守らなければなりません。権利を主張するには、他者の権利を守る義務

“権利”が必要だわ
私があなたの権利を保証するよ！
ありがとう でもどうして私の権利を保証してくれるの？
僕がその権利が必要な時保証してもらいたいからさ
もちろんよ そんな時は保証するわ！

互恵性：社会のメンバーが、お互いに他者の権利を保障し合う義務を負う関係のこと。権利を主張するためには、立場が入れ替わったときに他者の権利を守らなければならない。

があるのです。こうした関係を互恵性といいます。互恵性を成り立たせなければならない関係・場面において発生する概念が、権利と義務です。

端的にいって、義務とは他者の権利に呼応するものです。なぜ呼応しなければならないかというと、他者の権利は、自分の権利が他者に投影されたものにほかならないからです。こうしてさまざまな権利が（義務とともに）実現されていく、と倫理学では伝統的に考えています。

さて、同じ時代を生きている者どうしであれば、権利をもつ者と義務を負う者とが入れ替わることが可能なので、互恵性を成り立たせる前提条件は満たされています。それでは、現在の人々と未来の人々のあいだの関係はどうでしょうか？

仮に、現在の人々が未来の人々の権利を守るため、未来の人々のために資源を残すという義務を果たしたとしましょう。この場合、権利をもつ者と義務を負う者が入れ替わることがあるでしょうか？　未来の人々が現れるころには、現在の人々はもうこの世にいない可能性があります。そうなれば当然、両者の関係が入れ替わることはありません。つまり、現在の人々は未来の人々に対して一方的に尽くす関係になっており、両者には互恵性が成り立っていないことになります。

倫理学は伝統的に、当事者が互恵的な関係にあり、対話によって互恵性を確認できることを前提に築かれてきました。しかし、現在の人々と未来の人々とのあいだでは対話が成り立たず、この前提が完全に崩れてしまっています。ですから、伝統的な義務の概念を当てはめられるわけもなく、未来の人々に対して現在の人々が負う義務は、検討する前に否定されてしまいます。これが、現在の人々が未来の人々に対して義務をまったく負わないと考える理由です。

現在の人々にとって未来の人々のために資源を残すことが義務ではないならば、努力目標という弱い拘束力にしかなりません。そして、努力目標にすぎないのであれば、未来の人々の権利を守ることはむずかしいと言わざるをえないでしょう。

ファインバーグの提案と生物多様性保全への応用

伝統的な倫理学が当事者に互恵性のない場合を想定しておらず、そのような場合に適用される義務と権利の論理的な整備がなされてないのならば、整備すればいいじゃないかと考えた人がいます。アメリカの哲学者、ジョエル・ファインバーグもその一人です。彼の考えを紹介しましょう。

ファインバーグは互恵性をいったん忘れて、どのような状態で権利が発生するかを考え直しました。つまり、ある人が他者になんらかの要求をすることに正当性が認められるのは、どのような場合かを検討したのです。そして、その人が問題とする事象から利益や不利益を受けるときに権利が発生することに気づきました。要するに、問題とする事象から利害を受ける当事者のみが権利をもつ、と考えたのです。このように、ファインバーグは権利を利害（彼はこれを〝インタレスト〟と呼びました）と結びつけました。伝統的な倫理学が重視した互恵性を利害関係に置き換えたということです。

彼のように考えることで、未来の人々にも権利を生じさせることができます。なぜならば、現在の人々が生物多様性を残すかどうかによって、未来の人々が生き物の恵みを享受できる可能性が増加し、利害を受けるからです。彼は、利害関係を基礎にして考えることで、未来の人々の権利を考慮する論理的な足場ができると結論づけました。

ステークホルダーアプローチ

じつは、ファインバーグが提案した利害関係を基礎とする権利の考え方は、現在の生物多様性保全の現場で大活躍しています。たとえば、ある豊かな生物多様性を育む土地を開発する案が持ち上がったとしましょう。このとき、開発をおこなうかどうか、おこなうならばどのような開発かという、社会としての意思を決定しなければなりません。

それではこの意思決定は、誰がどのようにしておこなえばよいのでしょうか？　現在、開発の意思決定に際して、想定されるすべての利害関係者を集め、彼らのあいだで調整をおこない意思決定を図る、という方法がよく用いられるようになっています。利害関係者はファインバーグ流の〝インタレストをもつ者〟ではなく、〝ステークホルダー〟と呼ばれるようになりました。ステークホルダーには一般的に、開発に許可を出す行政、開発をおこなう業者、地域住民、生物多様性に関心のある人たち、研究者などがふくまれます。

このような意思決定の方法をステークホルダーアプローチといいます。ステークホルダーアプローチでは、ステークホルダーのあいだで議論をおこない、あらかじめ利害が調整された開発案（開発をしないという選択肢もふくまれる）の作成を目指します。この方法を採用すれば、すべてのステークホルダーの希望をくみとった案をつくることができるはずです。開発により利害を受ける者（ステークホルダー）が開発の意思決定にかかわるべき、という考えにもとづいています。

ステークホルダーアプローチは優れた意思決定方法です。というのも、この方法で導き出された案はあらかじめ利害関係が調整されているので、実行しやすいのです。

とはいえ、問題も指摘されています。たとえば、利害の調整をおこなう必要があるこの方法では、意思決定を下すのに時間がかかるという点です。調整をしているあいだにステークホルダーを取り巻く状況が変わってしまうこともあるでしょう。もしそうなれば、意思決定にさらに時間がかかってしまいます。

べつの問題もあります。ステークホルダーアプローチの実施は法的な約束事（法律）になっていない点です。つまり、ステークホルダーアプローチは意思決定のために必ず採らなければならない方法ではなく、オプションのひとつにすぎないのです。開発に携わる人が自発的に選択しないかぎり、ステークホルダーアプローチは実施されません。

ステークホルダーアプローチの実施を法律にできない理由は明らかです。ステークホルダーアプローチに優れた部分があるのはまちがいないとしても、それに法的な拘束力をもたせる根拠はないからです。

そう考えると、ファインバーグの提案にしたがって、ステークホルダーである未来の人々の権利を認めたとしても、現在世代がそれを守ることに法的な拘束力をもたせることもむずかしいでしょう。結局は、努力目標にしかなりません。そして、努力目標にすぎないのならば、前述したとおり、実行は期待できません。

未来の人の権利を確実に守るためには、法的な拘束力のある約束事などが必要なのですが、そのようなものを整備できるだけファインバーグの提案が強いものなのか、疑問が残っているということです。このあたりは、今後の倫理学で議論の的になることでしょう。

私たちは未来の人々に対する責任を負うか？

ファインバーグのほかにも、互恵性から完全に独立した義務の概念を提唱した人がいます。ドイツの哲学者、ハンス・ヨナスです。彼は〝責任（Verantwortung）〟を頼りに考えを進めました。責任とは、自分の行為がもたらす結果の責を負うことを指し、日常でもよく使われる言葉です。しかし、義務や権利の概念とは異なり、倫理学では責任が議論の重要な対象になったことがなく、それまでほとんど考察がなされてきませんでした。少し意外ですね。

そんな中、ヨナスは責任の概念を明確かつ厳密に定義することを試みました。そして、それにより世代間倫理を論じることを目指したのです。つまり、ヨナスは伝統的な倫理学の枠組みから飛び出し、責任に立脚した、まったく新しい倫理学をゼロから組み立てようとしたのです。そのために、存在や生命、人間とは何かといった根源的な問いにまで立ち戻り、考察を進めました。

彼のアイデアを端的に言うと、乳飲み子のようなか弱い命を守ることの中に責任を見出すというものです（乳飲み子の倫理）。このアイデアは一見単純そうですが、〝乳飲み子の倫理〟からはじめて、未来の人々に対する現在の人々の責任を誤解なく説明するためには、かなりの文量と専門性が必要になります。とても、本書で紹介できそうにありません。彼の〝乳飲み子の倫理〟とそこから展開される未来の人々への責任論についてくわしく学びたい方は、巻末の参考文献を参照してください。

ドイツで一九七九年に出版されたヨナスの著書『責任という原理』は本国でベストセラーにな

りました。哲学書としては異例のことです。これはもちろん、彼のアイデアが社会に大きなインパクトを与えたことを物語っています。ヨナスの訴えをスタート地点として、未来の人々のために生物多様性を保存することが、現代人が負う責任だとする考えが生まれるのではないかと、私自身も期待しています。

血縁関係を理由とした保全論

「未来の人々は私たちの権利を保障してくれないのだから、私たち現代人ばかりが未来の人々を慮《おもんぱか》る筋合いなどない」という伝統的な倫理の前提を聞いて、次のような思いを抱いた人もいるかもしれません。

❗ 未来の人々＝血縁者のために論

「そんなつれないことを言わないで！　未来の人々は自分たちの子孫じゃないか！　そう考えれば、おのずと彼らのことを慮ることができるはず。ほかならぬ自分たちの子孫のためならば、生物多様性をふくむあらゆる資源を保全することも当然じゃないか！」

たしかに、未来の人々は現在の人々の子孫であり、血縁者です。そして、とくに親子のような強い血縁関係を考えれば、この意見は的を射ているように聞こえます。自分の子どもや孫に関心を示さない親など（ほとんど）いないでしょうから。

「血縁者なのだから、助け合うのが当然」という考えは、一見説得力があるように聞こえます。しかし、血縁関係を理由に、現在の人々が未来の人々のために資源を保全することは現実的ではありません。そう考えざるをえない事実があります。

その事実とは、いままさに私たちのあいだに存在する〝不平等〟です。血縁関係を理由に資源や富を分かち合うことが当然ならば、現在世代のメンバー間に存在する富の不均一な分布と、その是正がおこなわれないという事実が説明できません。

この指摘が腑に落ちなかった読者もいると思います。現在世代と将来世代には明白な血縁関係がありますが、現在世代の個人間には、必ずしも血縁関係は成立していないように見えるからです。しかし、現在世代の個人間には、その強さ（濃さ）はさておき、必ず血縁関係があるのです。この点を次項で説明しましょう。

みんな親戚⁉

ある個人、たとえば私の祖先を一世代ずつ遡る思考実験をして、祖先にあたる人が各世代に何人いるのか推定してみます。簡単な数学の演算です。

ヒトの個体には必ず生物学的な父と母がいます。有性生殖でしか子をつくれないヒトの、当たり前の制約です。私には生物学的な父と母がおり、その父と母にもそれぞれ生物学的な父と母がいます。私の父や母の父母とは、もちろん私の祖父母にあたり、その数は四人です。祖先の世代ごとの人数には、一世代遡ると二倍に増えるという関係があります。つまり、ある世代の祖先の数は、世代を一つ遡るにつれて、二の指数関数で増えていくということです。そしてこの関係を利用して、各世代の祖先の数を見積もることができます。

人間の世代の間隔は、おおまかに見積もって二五年だと言われています（人は二五歳くらいで子を産むという意味です）。世代間隔を二五年とすると、一〇〇年で四世代、一〇〇〇年で四〇世代、二〇〇〇年で八〇世代が交代した計算になります。つまり、西暦一年には、私の約八〇世代前のご先祖様が生活していたということです。

以上の前提を用いて、西暦一年、つまり八〇世代前のご先祖様の数を計算してみましょう。この場合、推定式は

80世代前のご先祖様の人数$=2^{80}$人

となります。これをざっと計算すると一・二𥝱《じょ》人（一𥝱は一兆の一兆倍）という数字になります。とんでもない数ですね。しかし、この数字に違和感を覚えませんか？　たしか第2章では、西暦一

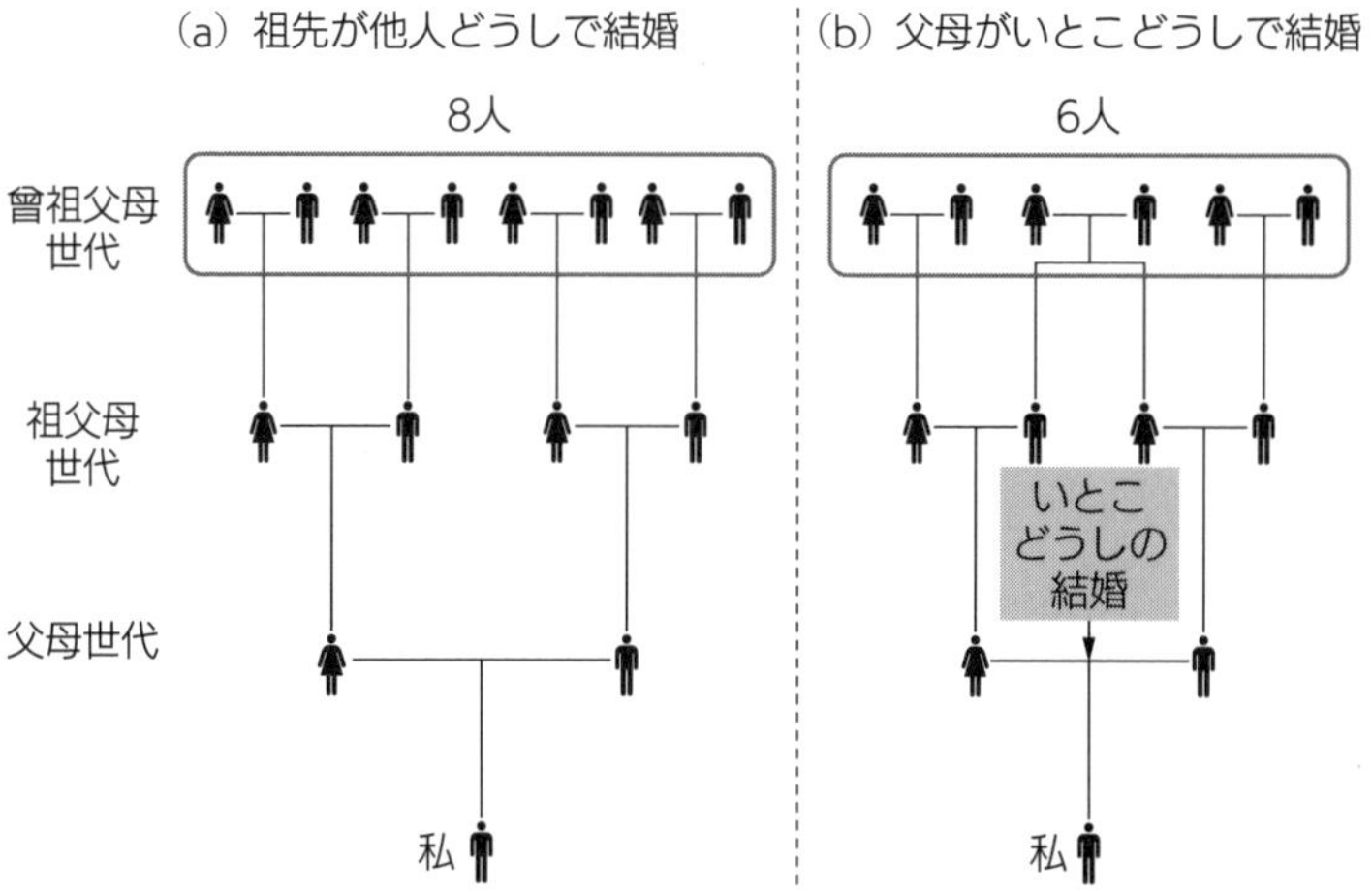

私の曾祖父母は合計何人？：祖先が他人どうしで結婚していたならば、私の３世代上の祖先（曾祖父母）は計８人いる計算になる。しかし、もし父と母がいとこどうしだとすると、計６人になる。実際に親戚どうしでの結婚があったと考えなければ、人類の人口の変動は説明できない。

年の世界人口はたかだか一・七億人くらいだったと紹介したはずです。

推定結果と人口統計のあいだにどうしてこれほど大きな食いちがいが生じるのでしょうか？

ここで確認しておきますが、西暦一年の人口統計は信頼に足るものです。そして、先ほどの推定式そのものにも誤りはありません。この矛盾は、推定式の前提に誤りがあったと考えると説明できます。

とくに断りませんでしたが、先ほど示した推定は、「同じ世代のご先祖様はすべて他人だ（互いに血縁関係はない）」という前提にもとづいていました。この前提が正しければ、ある人の八〇世代前の祖先の数は一・二抒人になります。しかし、ある世代のご先祖様がすべて他人だったわけではなく、親戚どうしで子をもうけていたと考えれば、上の矛盾は解消可能です。もちろん、親子や兄妹・姉弟のようなごく近い血縁関係者どうしの結婚はまれでしょうが、すこし離れた血縁者（たとえばいとこやそれ以上離れた親戚）との結婚が、頻繁にあったはずなのです。たとえば、いとこどうしが結婚した場合、彼らの曾祖父母の世代は一部が重なっている（同一人物）ことになります。そうした身内どうしの結婚を想定しないと、先ほどの数字の不一致は説明できません。

私の祖先だけでも、全員がまったく血縁関係のない他人と子をもうけていたと想定すると、西暦一年時点で一・二抒人もの祖先を想定しなければなりません。この本を読んでいるあなたにも、当然同じことが当てはまります。現在、地球上にいるすべての人が血縁関係をまったくもたないとすると、西暦一年に七〇億（現在の人口）×一・二抒もの人が存在しないといけなくなります。この矛盾は、あなたの祖先と私の祖先には同一人物がふくまれる、と考えることで解消できます。そうです。私とあなたには血縁関係があるのです。

この思考実験から、現在地球にいるすべての人のあいだに大なり小なり血縁関係があると結論せざるをえなくなります。つまり、地球にいるすべての人は親戚で、遠かれ近かれ血縁者なのです。

とはいえ、論理的に導かれた現在世代の個人間に血縁関係があるという考えは、簡単には受け入れられないかもしれません。そんなときは、自分の家系について考えてみてください。いとこくらいまでの血縁者の顔は思い浮かぶ方が多いと思いますが、それ以上遠い血縁者をよく知っているという人はまれでしょう。他人（血縁関係がない）と思っている人とのあいだに、じつは遠い血縁関係があったとしても、さして驚くことではないのです。

血縁者だからといって……

さて、話を戻しましょう。先ほどの思考実験から、現在地球にいる全人類に血縁関係があることは明らかです。そこで、少し唐突ですが、

❗ 富の公平分配案

「地球にいる人はすべて血縁者だ。これをもって、富（資源など）を全員で公平に分配しよう」

という提案がなされたとしましょう。あなたは、この提案を受け入れられますか？
先ほども述べたとおり、現在、富は不均一に分布しています。少数の人がたくさんの富を得ているのに対して、多くの人が貧困にあえいでいることは、みなさんも報道などでご存じでしょう。貧困生活を送っている人々の多くは、そうした生活から抜け出したいと思っているでしょうから、〈富の公平分配案〉を提案されれば、きっと受け入れるはずです。しかし、裕福な人はどうでしょうか？　たぶん、その多くにとっては、自分の財産の一部を他人に譲ることになるの

で、反対するでしょう。

〈富の公平分配案〉の根拠は単純です。提案にも書いてあるとおり、「地球にいる人はすべて血縁者だ」という事実です。血縁者どうしなのだから、分かち合うことは当然だという理屈です。この提案が社会に受け入れられるかどうか想像してみてください。

たとえ現在地球にいる人が全員血縁者だとしても、この提案はなかなか受け入れられないのではないでしょうか？　きっと、「たとえ血縁者であったとしても、顔も知らない人に富を分けねばならないなんておかしい！」と、反対する人がほとんどだろうと思います。つまり、この思考実験は、親子や兄弟のような近い血縁関係ならばいざ知らず、遠い血縁関係しかない他者と富や資源を分かち合うことを、私たちが苦手にしていることをほのめかしています。

数世代離れた遠い親戚のために何かできる世の中ならば、もうとっくに同じ世代にいる人々のあいだの不平等・格差が是正されていておかしくないはずです。にもかかわらず、実際にはそれができていないわけですから、血縁関係を理由に行動を起こすことには限界があるといわざるをえません。そんな私たちが、顔も知らない、遠い親戚でしかない未来の人々のために生物多様性やその他のいかなる富を残せるとは、とうてい思えないというのが本音です。

遺産がお荷物になる？

未来の人々のために生物多様性を残そうという考えに反対するべつの意見も紹介しましょう。

反論反論で嫌になってしまうかもしれませんが……。

「未来の人々の役に立つ可能性のある生物多様性を守り、確実に未来の人々に手渡すべきである」という考えは、未来の人々もわれわれと同じような生き物の恵みを必要とすることを前提としています。しかし、人の価値観は時代とともに移ろうのが世のつねです。本章冒頭で取り上げた馬車の例のように、ライフスタイルが変われば、それまで価値をもっていたものがすっかり無用の長物となる、なんてことはざらにあります。そう考えると、次のような不安がよぎります。

❗未来の需要不明論

「いまを生きる私たちに、未来の人々が必要とするもの、求めるものを正しく推測できるのだろうか？　私たちが大事にしているものを未来の人々のために残してあげても、もしかすると彼らはそれを必要としていないかもしれない」


この不安を〈未来の需要不明論〉と呼びましょう。

ここで、ライフスタイルが変わったことで価値を大きく損ねた生き物の恵みを紹介します。モウソウチクという植物をご存じでしょうか。モウソウチクは江戸時代の日本に海外から持ち込まれ、国内でひろまったと言われています。モウソウチクと言われるとピンと来ないかもしれませんが、〝タケノコ〟として一般的に食されているアレです。

モウソウチクは戦前までは本当に重宝されていました。植えておくと毎年おいしいタケノコを生産してくれるだけでなく、農業資材の多くはモウソウチクを用いてつくられていました。戦前のモウソウチクは、日本人の生活を支える優等生でした。当時の人々はモウソウチクの竹林を維持、管理することで、タケノコや農業資材を手に入れていたのです。

しかし戦後、タケノコは山に採りに行くものではなく、スーパーで購入するものに変わりました。農業資材もタケ資材からプラスチック資材に取って代わられ、ＤＩＹショップで購入するものになりました。こうして竹林の需要は急速にしぼんでいったのです。

竹林の需要が減ったからといって、竹林が減るわけではありません。逆に、手入れされなくなった竹林は面積を拡大し、いたるところで問題を引き起こすようになったのです。竹林は生活に必要でなくなったばかりか、厄介なものになってしまいました。

たとえば、優しいおじいちゃんが、「価値の高かった竹林をあなたに遺してあげましょう」と遺産をくれたとしても、現代のライフスタイルでは、「どうやって維持管理していこう……」と困ってしまうのが、現実に近いはずです。

価値はライフスタイルに帰属する

生き物の価値がライフスタイルと結びついている例をもうひとつ紹介します。

マレー半島にはオランアスリと呼ばれる原住民が住んでいます。オランアスリにはいくつかのグループがあり、その中にはいまも伝統的な狩猟採集生活をつづけているグループもあります。ここで紹介したいのは、私がオランアスリに手伝ってもらってマレーシアの森林で現地調査をしたときのエピソードです。

彼らはおもに吹き矢を使った狩猟をおこないます。ある日、仲よくなったオランアスリのひとりに、狩猟で使う吹き矢を見せてもらう機会を得ました。彼らが使う吹き筒は竹製だったのですが、それを見て私はとても驚きました。

タケにはふつう節《ふし》があります。タケの稈《かん》では、節以外の部分は中空ですが、節の部分には隔壁があります。吹き筒は、空気を吹き込む根元部分から矢が飛び出す先端部分まで、空気が滞りなく通り抜けられなければなりません。ですから、空気の通りを邪魔する節部分の隔壁は、吹き筒をつくるうえで致命的な障害となるはずです。

私がオランアスリに見せてもらった竹製の吹き筒は二メートルほどの長さがありましたが、そのどこにも節が見当たりません。日本に生えるタケならば三〇センチくらいの間隔で節が現れるので、二メートルの稈に節がないのはとても奇妙です。そこで、どのようにして節が見えなくなるような細工をしたのか訪ねてみると、予想を超えた答えが返ってきました。細工は何もしていない、と言うのです。彼らが吹き筒の材料にしていたタケは、もともと節がとても少ない種だったのです。

二メートル以上も節のないタケの話を聞き（一部を目にし）、私はにわかに興奮しました。そして、オランアスリにその珍しいタケが生えている様子をぜひ見せてほしいと頼みました。すると彼はとても困ったような顔をするのです。

話をよく聞くと、吹き筒に使えるタケはたくさん生えているわけではなく、山中のある場所に局所的に生息しているらしいのです。オランアスリはそのタケの生息地を把握していますが、その場所は居住地から遠く、丸一日歩かなければたどり着けないほどの距離があるそうです。オランアスリの困惑は、そこまで私を連れて行くのが大変だという理由から生じたものでした。結局、私はそのタケを見に行くのをあきらめましたが、オランアスリによると、その生息地でさえ目的のタケは局所的に生えているだけだそうです。もしこの生息地がなんらかの理由で消滅してしまったら、吹き筒をどうやってこさえればよいのか途方に暮れてしまう、という悩みも彼らはもっていました。

そのタケの種はオランアスリの生活に欠かせず、とても大切な存在であることはわかりますし、彼らがこの生息地をとても大切に扱っていることはわかります。彼らにとってはこのタケの存続が死活問題なのですから。しかし、オランアスリと同じ生活をしていない者には、その重要性は指摘されないかぎりわかりません。そして、オランアスリにとっても、もし狩猟採集生活をやめてしまえば、そのタケを受け継いでいくことに価値はなくなってしまうでしょう。

このような例からも、価値はライフスタイルに帰属していることがわかると思います。

いまはまだ使い方がわからない生き物でも、将来なんらかの使い道があるはずだという考えは一見説得力がありそうですが、ごく近い将来にしか通用しません。私たちは、未来の人々がどんなライフスタイルを採っているかさえわかりません。未来の人々の必要とするものや要求がわからないのですから、何を残せばいいかなど、予想もできないということになるのです。

もしかすると、未来の人々が何を必要とするかわからないこそ、あらゆる可能性をつぶさないように、あまねくすべての生き物の種を残しておくべきだと考えた人がいるかもしれません。しかし、未来の人々があらゆる生き物からの供給サービスを必要としない生活を送っていることさえ否定できないのです。もしそうなっていれば、未来の人々は生活のためにどんな生き物の種を残したとしても、結局は無駄な努力となってしまいます。

第5章
〈正義〉の生物学
──保全は人の使命か？

前章で、〈役に立つから守る論〉（つまり、ヒトが生き物の恵みを得るという目的）だけでは、生物多様性を守る理由として十分ではないことを学びました。ほとんどの種は人間の役に立っていないため、この考えにしたがったところで、守るべき生物はごくごくわずかでしかないのです。それに、この考えを突き進めていくと、「自分たちに都合のいい生き物の保全さえすればいい」という、人間本位の身勝手な考えにたどり着いてしまいます。

〈役に立つから守る論〉のような、「生き物を保全することは、結局は自分たちのためである」と人間本位で考える立場は〝人間中心主義〟と呼ばれています。ここで、人間中心主義から視座を変えてみましょう。生物多様性を保全する新たな理由が見つかるかもしれません。人間目線から離れて生物多様性の保全の理由を探る立場を、〝人間非中心主義〟といいます。本章では、人間非中心主義の立場から生物多様性を保全する理由を紹介していきます。

人間非中心主義

人間非中心主義には、少なくとも二つの独立した考え方があります。生態系中心主義と生命中心主義です。まず生態系中心主義から解説します。

生態系中心主義

生態系中心主義を紹介するのにうってつけの映画があります。二〇一八年公開の《アベンジャーズ：インフィニティ・ウォー》です。大ヒットした映画なので、ご覧になった読者も多いのではないでしょうか。

この映画では、スーパーヒーローやヒロインが大勢登場し（彼・彼女らがつくるチームが〝アベンジャーズ〟です）、地球の危機を回避しようと大活躍します。こうしたお話には必ずヴィラン（villain：「悪役」とか「怪人」の意）が出てきますが、この映画のヴィランはサノスという名の宇宙人です。

サノスは、インフィニティ・ストーンという特別な石を手に入れるため地球にやってきます。

インフィニティ・ストーンは宇宙に六つ存在し、それらすべてを集めると、なんでも願いをかなえられるという、まるで《ドラゴンボール》のような設定になっています。そして、サノスは自分の願いをかなえるために、インフィニティ・ストーンを集める必要があったのです。

彼の願いは、増えすぎてしまった宇宙の命を半減することでした。インフィニティ・ストーンをすべて集めると、いとも簡単にこれができてしまうそうです。さあ大変です。インフィニティ・ストーンのインフィニティ・ストーンを集めてしまったら、地球人（つまり私たちホモ・サピエンスのことです）の半分もこの世から消えてしまいます。

サノスの野望の成否は人類の生活に大きな影響をおよぼすというわけです。何としても彼を止めなければなりません。

サノスの野望を阻止するためには、インフィニティ・ストーンが彼の手に渡らないようにするという方法があるでしょう。映画では実際に、アベンジャーズがこの方法を選択します。インフィニティ・ストーンを求めるサノス軍と渡すまいとするアベンジャーズとの激しい戦闘が本作のクライマックスです。

たしかに、この方法でもサノスの野望を阻止できる可能性があります。しかし、たとえサノスがインフィニティ・ストーンをすべて手に入れてしまったとしても、彼を説得して思いとどまらせるという方法もあるかもしれません。スーパーヒーローではない私たちが採りうる方法はこちらでしょう。それでは、サノスを説得すべく必死にあがいてみることにしましょう。

説得のためには、なぜサノスがその野望をもつにいたったかを知る必要があるでしょう。映画の中では、彼が宇宙の命を半減させたがっている理由について、あまりくわしく述べられていません。しかしどうやら彼の願いの根底には、増えすぎた命が生態系（序章参照）のバランスを崩し、本来美しいはずの自然が壊されていくことへの不満があるようです。サノスは自然の破壊をどうしても受け入れられず、これを止めるために命を半減させるという過激な思想をもつにいたったようなのです。この思想を地球レベルに翻訳すれば、地球の自然を壊しながら人類が個体数を増やし、生態系のバランスを崩しているので、生態系を守るために人類を間引いてしまおう、という考えになるでしょう。

サノスのこの考えは、人間非中心主義のひとつです。彼のように、生態系のバランスが個々の命より重要で、守るべきであると考える立場は、〝生態系中心主義〟と呼ばれています。

生態系中心主義は、アメリカの森林管理官であり自然保護活動家であったアルド・レオポルドが提唱しはじめました。彼は、保護すべきは生物個体ではなく、生物個体の集団が有機的なつながりをもった系、すなわち生態系であると主張します。レオポルドはいわば〝土地倫理の原則〟として、「生物共同体の全体性、安定性、美観を保つものであれば妥当だし、そうでない場合は間違っているのだ」（訳は新島義昭による。ここで〝生態系〟という単語が出てこないのは、彼の時代にはまだ生態系の概念が一般的ではなかったからです）と述べています。

中心は人間か生態系か？

レオポルドのあとに生態系中心主義の考えを整理したのが、アメリカの環境倫理学者ジョン・ベアード・キャリコットです。彼はレオポルドの考えを精査し、生態系の維持に資することが倫理的価値を測る究極尺度だと理解しました。そして、生態系の維持のためには、たとえば生態系内である種が増えすぎてしまったときに、その種の個体を間引くことも善となるとまとめました。増えすぎた種の個体を間引くことにより、生態系のバランスがとれるはずと考えたのです。

生態系中心主義は生物多様性保全の理由になります。ふつう、生態系のバランスは、生態系内の複雑な種間関係（たとえば、食う－食われるの関係）により自律的に保たれています。しかし、なんらかの要因により生態系内の特定の種の個体数が増えすぎたり減りすぎたりして、それが原因で生態系のバランスが崩れかけているとしましょう。バランスを取り戻すためには、各生物種の個体数の調節が有効です。つまり、生態系のバランスをとるために生物多様性を保全しよう、ということです。個体数の調節には、間引いたり（移入により）増やしたりする〝直接調節〟と、個体数を減らした種がそれ以上減らないように生息地を保護したりする〝間接調節〟があります。

生態系中心主義の考えをつき進めていくと、サノスの考えに近づきます。つまり、生態系の維持がもっとも重要だとすれば、人の権利も、場合によっては人の命までも制限せざるを得ないという結論に達するのです。たとえば、人の数が増えすぎて生態系がバランスを崩しているのならば、バランスがとれる程度に人間を減らすべきだという考えも成り立つわけです。サノスのように、ほかの何事よりもまず生態系を維持しようとする立場は、環境ファシズム（ファシズムとは、かぎられた指導者による絶対的・独裁的な政治を指す）と揶揄されることがあります。

この生物多様性保全方策は人間中心主義の方策とは大きく異なります。人間中心主義は、人間第一で考えを進めますから、人間を間引く方策などありえません。生態系中心主義は、生物多様性を守ろうとする点では人間中心主義と（ある程度）一致していますが、その動機は対極に位置していると言えるでしょう。時と場合によっては、これら二つの主義はまったく異なった生物多様性保全方策を導くのです。

さて、環境ファシズムの立場をとる人が、人の命を制限しようとしたとき、抵抗の術はあるのでしょうか？　もし相手がサノスならば分が悪すぎます。彼の圧倒的な武力の前には、あきらめるしかないように思えます。いやしかし、もうすこし説得の可能性を探ってみましょう。

そもそも、サノスの考えには疑問点も残っています。それは、「生態系はもっとも大切なものだ」と考える根拠です。サノス（やレオポルド、キャリコットといった生態系中心主義を掲げる人々）は、「ほかの何を犠牲にしても生態系を維持すべきだ」と主張しているのですが、なぜ生態系がそこまで大切なのか釈然としません。

この疑問に対して、たとえば、「だって、生態系が崩れたら、君たちや私たちが生きていけなくなるだろ」と答えるのは、支離滅裂です。なぜなら、〝人類のため〟を理由に保全を進めることとは、生態系中心主義ではなく、人間中心主義の考えなのですから。生態系中心主義に立つのならば、〝人類のため〟以外の根拠が必要になります。サノスに議論で抵抗するとしたら、この根拠の有無を問うのが有効かもしれません。

ヒトと動物はちがう？

もうすこしだけサノスとの対話を考えます。なにしろ殺されてしまってはかなわないので、命乞いをすることにしましょう。そんなとき、

「人の命は尊いものだから、命と引き換えに生態系を守るという考えは承服しがたい。考え直してほしい」

という論を唱えることができるかもしれません。しかし、そのときサノスから、

「人間の命は尊いって言うけど、だったら人間以外ならいいの？　人間は生態系を維持できないという理由で、増えすぎたシカを害獣として駆除しているみたいだね。シカならば間引いていいけれども、人間の命を間引くのはまずいってどういう理屈なの？　それって、シカに対する差別じゃないの？」

と逆に訊ねられたらどう答えますか？
「そりゃあ、ヒトとヒト以外の動物は当然ちがうでしょ」
と答えたところで、サノスは納得してくれるでしょうか？　タイタン星人のサノス（土星の衛星であるタイタンがサノスの故郷だという設定です）は、ヒトと動物を区別する人類の考えを理解できないかもしれません。
サノスの気持ちを味わうために、こんな思考実験はどうでしょう。あなたはカナブンとカブトムシを同じ飼育槽で育てることにしました。ところが、二匹を飼育槽に入れると、カナブンから
「私を飼育するヒトよ。高貴なカナブンである私をカブトムシと同じ飼育槽で育てるとはなんたる無礼者か！　いますぐ高貴な私を下賤なカブトムシとはべつの飼育スペースに移したまえ！」
とクレームを受けてしまいました。もしカナブンがこんな主張をすれば、あなたはきっと
「えっ！　カナブンとカブトムシで扱いを変えなければいけなかったんだ！　で、その根拠は？」

と思うことでしょう。

サノスにしてみれば、ヒトをほかの動物と区別する理由などないのです。ですから、

「君たちがヒトとヒト以外に分類するように、私からしたら、タイタン星人とそれ以外で分類することだって可能なんだよ。君たちは、シカと一緒に〝タイタン星人じゃないほう〟に分類されているんですけどぉ」

といわれてしまうかもしれません。

生命中心主義

このサノスの指摘に反論することはできますか？　ＳＦのような突飛な例を考えても仕方がないと思われるかもしれませんが、まさにこの議論の中に、私が生物多様性保全を主張するもうひとつの理由が隠されているのです。

生態系中心主義では、生態系のバランスが何より重要だと考え、（一部の）命を犠牲にしてまでそれを守るべきだと主張しています。それに対して、サノスへの命乞いでは「生き物（とくにヒト）の命も重要であり、だからこそ命と引き換えに生態系を守るのは問題がある」と主張しました。ここで主張した、「命は重要である」という考えが生物多様性保全の理由になるのです。

生物多様性保全の文脈において重視される命は、人命にかぎられていません。あらゆる動物のすべての個体の命を同等に重要なものだと考えます。そして、すべての命がヒトの命と同じように重要なのだから、これを保全しなければならない、と考えたいのです。この主張のように、命は大切なので保全しなければならないという立場は、〝生命中心主義〟と呼ばれています。

それではこれから、生命中心主義について理解を深めていきたいのですが、その前にひとつ断っておくことがあります。生命中心主義の射程は動物にかぎられ、植物はふつう対象から外れます。光合成生産をおこなう植物は、生態系を支える基盤という役割を果たしているので、生態系中心主義の中で保全が進められています。

ヒトにとってヒトの命が重要であることは疑いようがないでしょう。その証拠に、多くの国でヒトの命を殺めることは重罪とされています。

生命中心主義では、さらに踏み込んで、「ヒトの命と同様にほかの動物の命も重要だ。だから、すべての動物の命を守らなければならない」と考えます。そして、これを生物多様性保全の理由に掲げるのです。たしかに、ヒトと同等にほかの動物の命も重要だと認めれば、動物を絶滅に追いやるような殺戮や生息地の破壊は起こることはないでしょう。

しかし、この論に疑問をもつ人もいると思います。つまり、本当にほかの動物の命がヒトの命と同じだけ重要なのか、という疑問です。まずは、この点について考えていきます。

さて、先ほどサノスに「ヒトとそれ以外の動物に分けるって、差別じゃない?」と指摘されてハッとしてしまいましたが、たしかに彼のいうとおり、私たちは当たり前のように、ヒトとヒト以外の動物を分けて考える傾向があります。そして、ヒトとヒト以外の動物とを平等に扱っているとはいい難い状況にもあります。

それでは、ヒトがなかば当然のこととして、ヒトとヒト以外の動物を不平等に扱うことに、何か合理的な根拠はあるのでしょうか？　そのような扱いが論理的な矛盾をはらんでいないか、考えてみましょう。

もし、ヒトがほかの動物より優位な立場にいることだけをよいことに、合理的な根拠がないまま、ほかの動物たちを不平等に扱っているのならば、それは自分勝手な行動と評価せざるをえません。そしてもしそれが事実ならば、サノスのようなヒトより優位な存在が現れたときに、人類がその存在から不平等に扱われることを受け入れなければならないはずです。いままさに同じことを人類がしているのですから。

差別

本書ではこの先、〝差別〟という言葉が頻出します。議論を進める前に、この言葉を定義しておきましょう。

本書では差別を、①あるクラスに属しているというだけで、②合理的な根拠がないにもかかわらず、③異なった（不当な）扱いをすること、と定義します。人類が撤廃を進めている、人間社会にはびこる差別になぞらえれば、①でいう〝クラス〟には、性別や性的指向、人種などが当てはまります。本節で話題にしている、〝ヒト〟や〝ヒト以外の動物〟という区別もクラスのちがいを意味します。②から、あるクラスに属することを理由に扱いを変えたとしても、それがすべて差別に相当するわけではないことがわかります。扱いを変えるだけの合理的な理由があれば、それは差別ではなく区別になるというわけです。

かつて人は、人種や性別のちがい（クラス）を理由に、ある特定のクラスに属する人に対して当然のように不当な扱いをしていました。もちろん、人種や性別のちがいは、個人を不当に扱う合理的な根拠にはなりえません。現在では、これらは明らかに誤った行為であり、差別だったと認められるようにはなりました（とはいえ、こうした差別が真に撤廃されるまでにはまだまだ長い時間がかかることでしょう）。

差別がよくないことはみんな知っていますし、まさか自分が差別をするような人間であるとは、ほとんどの人が思っていないでしょう。しかし、自分でも気がつかないうちにおこなってしまうことが、差別という問題のむずかしさです。

種差別――シンガーの指摘

アメリカの応用倫理学者ピーター・シンガーは、ほとんどの人が無自覚におこなっている差別のひとつとして、〝種差別〟（speciesism：ヒトがヒト以外の動物に対しておこなう差別）を指摘しています。〝種差別〟はシンガーの造語で、人種差別（racism）や性差別（sexism）に着想を得た言葉です。種差別は人種差別や性差別のごとく、〝種が異なること〟のみを理由に動物たちを不当に扱うことを意味しています。

シンガーは、通常組み合わせられることのない複数の単語をぶつけ合うことで化学反応を起こさせ、読者の脳裏に問題を深く刻みつけるという技法を得意としました。たとえば、彼の一九七五年の著書のタイトル、『動物の解放』（*Animal Liberation*）がわかりやすい例でしょう。〝解放（Liberation）〟はそれまで、〝黒人解放（Black Liberation）〟や〝女性解放（Women's Liberation）〟などの形で用いられていました。いずれも差別されていたクラスの人間（女性やアフリカ系の人々）が、奪われた人権を取り戻すための運動を指します。この〝解放〟と〝動物〟という言葉をぶつけて化学反応を起こさせたのです。文字面では、解放運動のパロディ程度にしか見えないかもしれません。しかし、シンガーの「ヒト以外の動物は、動物という名の奴隷だ」という指摘には説得力があり、当時の読者に大きな衝撃を与えました。

シンガーは次のように持論を展開しました。まず、論理的に考えて、ヒトの動物に対する行為の多くが、人種や性別を理由に犯してしまった差別と等しいことを説いていきます（これについては、次項で説明します）。そして、ヒトによる動物の扱いが種差別であることを示したあとで、動物たちがどれだけ不当な扱いを受けているのかを明らかにするため、動物実験や食糧生産の現場を衝撃的に紹介していくわけです。この展開の破壊力はすさまじく、私が指導した学生の一人は、読了後にペスコベジタリアン（魚肉は食べるが、それ以外の肉は食べないという主義）になってしまったほどです。

『動物の解放』でシンガーは、実験動物や食肉に利用されている動物に注目して話を進めましたが、彼の種差別論は、こうした人間の管理下にある動物にのみ適用されるものではなく、野生の動物にも当てはまります。

ヒトの命のほうが重い？

われわれ現代人の多くが、種差別を犯しがちです。その大きな理由は、ヒトとヒト以外で命の扱いを分けることが差別に当たるという認識がないことです。私たちが種差別を犯しがちであることを、ある架空の話を例に用いて確かめてみましょう。

あなたは散歩中に偶然、燃えさかる家屋に出くわしてしまいました。火事です！

火事を取り巻く野次馬たちは、家の中に誰かが取り残されてしまったと話しています。それを聞いたあなたは、勇敢にも救出に向かうことにしました。

煙を吸い込まないように口元にタオルを当てて捜索を進めますが、思った以上に煙がひどく、タオルを外しては息ができそうもありません。

ほどなくして、ヒトの赤ちゃんを見つけることができました。赤ちゃんを抱き上げようとしたとき、その近くに、べつの命もあることにも気がつきました。イヌ、ネコ、タヌキが取り残されているのです。どうやら彼らも、あなたの助けなしではこの状況から逃れられそうもありません。しかし、あなたの一方の手はタオルを押さえるのに必要です。もう片方の手だけでは、一つの命しか助けられそうもありません。すなわち、あなたは命の選択を迫られているというわけです。

こんなとき、あなたはヒト、イヌ、ネコ、タヌキのどの命を助けますか?


この状況でヒト以外の命を選択する人は少ないと思います。それでは改めて聞きましょう。あなたがヒトの命を選択した理由は何でしょうか?

たぶん、直感的に「ほかの生き物より、ヒトの命のほうが重い」と考えたのだと思います。しかし、その結論に〝直感〟以外の合理的な根拠はあるでしょうか? もし合理的な根拠が見当たらずに、それを抜きにして「ヒトの命がもっとも重い」と結論したのならば、それが種差別なのです。

動物に知性はあるか?

しかし、ヒトとヒト以外の動物で扱いを変えてしまう直感には、なにか合理的な根拠があるかもしれません。シンガーの主張と対立しますが、種差別の主張を退けられないか考えてみましょう。

素朴な見方をすると、ヒトとヒト以外の動物のあいだには、尻尾の有無や体毛の有無などの見かけ以外にも、扱いを変える根拠になる本質的なちがいがありそうな気がします。そのちがいの最たる例として〝知性の有無〟、つまり「動物にはヒトのような知性がない」という指摘があります。ここでいう〝知性〟は、第2章で取り上げた認知能力と深く関係しますが、空間認識や記憶などともかかわる、より大きな概念です。

この指摘は直感的には正しい気がするのですが、本当に正しいのでしょうか？　じつは、この直感と矛盾する事実が多く知られています。つまり、ヒト以外の動物が知的に活動していることを示す生物学的証拠はたくさんあるのです。たとえば、生物学者が〝学習〟と呼ぶものがそのひとつです。学習とは、生まれてからの経験により引き起こされる行動（の変化）です。動物は学習することで、周囲の状況に合わせた行動ができるようになります。いくつか例を見てみましょう。

アメフラシという軟体動物がいます。アメフラシはえらをもつのですが、えらの近くにある水管という器官に刺激を感じると、えらを体内に引っ込める習性があります。この行動は生得的なのですが、アメフラシの水管を何度も触って刺激すると、やがてえらを引っ込めることをやめてしまいます。生物学者はこの行動の変化を、水管への刺激が頻繁に起こることと、それが体に害をおよぼさないことを学習し、えらを引っ込めることをやめた、と解釈します。つまり、単純な学習が起きたと考えられるわけです。

もっと複雑な学習もたくさん知られています。鳥の中には、縄張りを主張したり、求愛したりするためにさえずる種が多くいます。アメリカの生態学者ピーター・マーラは、ミヤマシトドやヌマウタスズメなどのスズメ目の鳥のさえずりは、それ自体は生得的な行動であるものの、さえずり方はさまざまで、学習により決まることを見つけました。この鳥が成鳥になって披露するさえずりは、幼鳥時代に聞いたさえずりにそっくりなのです。たとえば、テープに録音したべつの個体のさえずり音を幼鳥時代に聞かされた鳥は、成鳥になるとそのさえずりを模倣します。歌の学習ともいえる知的な行動です。

ザトウクジラも、歌の学習に長《た》けています。この海生哺乳類は、年に一度訪れる繁殖期にオスだけが歌をうたうことが知られています。繁殖期にのみうたうわけですから、歌は繁殖と結びついた行動だろうと考えられていますが、その本当の意味はまだわかっていません。さて、ザトウクジラはさまざまな歌のレパートリーをもつようです。そして、二年連続で同じ歌をうたうことはめったにないそうです。

オスのザトウクジラの歌に関して、さらにおもしろい知見が得られています。彼らがうたうのはレックとよばれる繁殖地に集まってからです。レックと呼ばれる繁殖地に集まったオスは歌をうたいはじめますが、このとき、あるオスがうたった歌をほかのオスがまね、それがたくさんのオスに伝播し、レックの中のオスたちがみな同じ歌をうたうことがあるそうです。歌を模倣するためには、歌を聴き、それを記憶し、同じように発音しなければならず、高度な知性が必要です。

ヒト以外の動物が知性をもつことを示す研究例は多数あり、枚挙に暇がありません。こうした研究例から、知性のレベルはともかく、ヒト以外の動物も知性をもっていることは明らかです。

知性の差は差別を正当化するか？

以上から、動物にも知性があることは明らかで、知性の有無を根拠にしてヒトとヒト以外の動物とを分けて考えることはできないのです。そしてだからこそ、知性の欠如を根拠に動物の扱いを変えるのが差別にあたることがわかってもらえたと思います。

しかし、〝知性の程度〟はどうでしょうか？　知性の高さでいえば、認知革命後のヒトにかなう動物はいません。これについては第2章で紹介したとおりです。そこで、ヒトとヒト以外の動物のあいだの知性の差にもとづく不平等の是非ついて考えて見ましょう。

仮に、知性の差を理由として、ヒトとそれ以外の動物の間での不平等を肯定したとしましょう。すると、とても厄介な問題が三つも発生してしまいます。

ひとつ目は、〝限界事例〟と呼ばれる問題です。能力の差と扱い方のちがいを結びつけ、「ヒトとヒト以外の動物のあいだで能力差があるのだから、不平等に扱ってもよい」という主張を受け入れたとしましょう。すると、「ヒトとヒトの間でも、能力の程度に差があれば、不平等に扱ってもよい」という結論を導き出してしまいます。つまり、この考えから、ヒトの中にも不平等が生まれてしまうのです。

たとえば、生まれてすぐのヒトの赤ちゃんを考えてみましょう。ヒトの赤ちゃんの知性はかぎられていて、大人はもちろん、イヌやネコにも劣っている部分があることでしょう。「イヌやネコは知性がヒトより劣っているのだから、ヒトのように扱われなくて当然」と考えるならば、ヒトの赤ちゃんも成長して知性が発達するまでは、イヌやネコと同等、もしくはそれ以下の扱いをしてかまわないということになりえます。

先天的な障害のために知性の発達が劣っていたり、ほとんど欠いていたりする人もいます。そうした人たちもほかの動物たちと同じく、不平等な扱いを受けても仕方がないということになります。

事故や病気により、知的能力を後天的に失ってしまった人もいます。もし知性の程度を根拠にした不平等が正当化されるならば、こうした人たちは、能力を失った時点で、ほかの動物たちと同じように不平等な扱いを受け入れなければなりません。認知症が進んだ人に対しては、知性の低下を根拠に、ヒト以外の動物と同じように扱うべきということになるでしょう。限界事例をあげはじめれば、きりがありません。

このように、知性の差を根拠にヒトとヒト以外の動物とで扱いを変えようとすると、「知性が低ければ、ヒトであっても人間として扱われない」という結論に達してしまいます。

しかし、知性の差を根拠にした人間社会における不平等には、違和感を覚えることでしょう。むしろ、ヒトならば何人も、知性の程度にかかわらず、人間としての権利（自然権：生まれながらにもっている権利。たとえば人権にまとめられる権利）をもっていると考えるのが現代の常識です。つまり、

「何人も人間扱いされなければならない」という人権の精神は本来、知性の程度とまったく関連のないものなのです。にもかかわらず、ヒト以外の動物に対してのみ、知性の程度を持ち出して不平等に扱うならば、不合理で節操がなさすぎると言わざるをえません。

ベトラムの闇

いまとなっては、知性の程度にかかわらず、すべてのヒトが自然権をもっているという考えが当たり前になっていますが、かつてはそうではありませんでした。そのために数々の過ちを犯してしまったのですが、そのひとつを紹介しましょう。ロンドンにあったベツレヘム病院、通称ベトラムでの出来事です。

一三世紀に設立されたこの病院には、一五世紀頃から精神病を患う人々が収容されるようになりました。収容と表現しましたが、その実態は、患者を鎖で鉄具につなぎ、牢獄に監禁するのと変わらない状態でした。当時、精神病は不治の病とされ、そのせいで精神病患者はひどい扱いを受けていたのです。こうしたひどい待遇の理由は、彼らは人間扱いするに値するだけの知性をもたないと考えられていたからでした。ベトラムは病気を治療する病院というよりむしろ、トラブルを起こしそうな精神病患者を社会から隔離する治安上の施設だったのです。

一九世紀になると、ベトラムの患者はさらにひどい扱いを受けるようになりました。日曜日ごとに見世物にされたのです。日曜日のベトラムはまるで〝動物園〟で、一般の人が患者の奇行の

ベツレヘム病院の内部の様子：18 世紀に活躍したイギリスの画家、ウィリアム・ホガースの作品。［パブリック・ドメインの画像を Wikimedia Commons より転載］

見物に訪れました。ベトラムもそうした人を客として扱い、一ペニーを受け取って見物を許していました。一八一五年の一年間で入場料の合計が四〇〇ポンドに達したということですから、単純に計算すれば、この年に九万六〇〇〇人（二四〇ペンスが一ポンドです）がベトラムに訪れたことになります。

　フランスでも同じように、精神病患者が見世物にされていた記録が残っています。彼らが人間扱いされなかった理由は、知性が劣っていると判断されたからにほかなりませんが、いま考えるとありえない処遇を受けていたわけです。

知性の低さを根拠にヒトと動物を隔てようとするならば、一九世紀のベトラムを肯定してしまうことになりかねません。

能力の差に訴えることの危うさ

「能力に差があれば、不平等に扱ってもよい（それは差別には当たらない）」という結論がはらむ二つ目の問題は、この結論が人間社会に現に存在する差別を肯定し、さらには新たな差別を生み出しかねない点にあります。

仮に、人種や性的指向、性別のあいだで知性に差があるとしましょう。たとえば、生物学的男性よりも女性のほうがＩＱが高い、というようなことです。「能力に差があれば、不平等に扱ってもよい」という結論を当てはめれば、より高い知性をもつクラスが、そうでないクラスを差別してよいということになってしまいます。じつは、シンガーはこの問題を強く警戒し、能力差と不平等を結びつけることを否定しました。もう少しくわしく説明しましょう。

ヒトの知性を測定する方法にＩＱ（知能指数）テストがあります。かつてＩＱテストは、知性を測る指標としてふさわしい方法ではないという批判を受けました。そもそも、曖昧模糊とした知性を数値化できるわけがない、というのが批判の根拠でした。しかし、最近急速に進歩した統計学的解析技術により、ＩＱが知性をかなりうまく表していることが明らかにされています。

さて、ＩＱテストを実施すると、あるクラスのほうがほかのクラスより有意に（偶然にもたらされた結果、つまり〝誤差〟と解釈するのは無理があるという意味。統計学的な手法により、数値的・客観的に測定される尺度）よい成績を残すことがあります。

かつては、「こうした差は知性そのものの差が反映されているわけではなく、文化や社会、教育の差が現れているにすぎない。生まれつきの知性の程度はすべてのクラスで同じである」と理解されていた時期もありました。しかし、統計手法が洗練されたいまでは、想定される文化や社会、教育の影響をデータから排除する技術が開発されています。そして、こうした影響をデータから取り除いたとしても、依然としてクラス間でＩＱスコアに差が残ることがあります。この場合、文化や社会、教育の差では説明できないＩＱスコアの差が両者の間に存在していることを示しています（もちろん、想定外の影響があり、それがクラス間の〝見かけ〟のちがいを引き起こしている可能性は否定できませんが）。

では、ＩＱテストの結果にクラス間で有意な差が見つかったとしましょう。能力に差があった場合、能力の高い者が低い者を差別することを容認するならば、ＩＱスコアが高いクラス（に属する人）は、ＩＱスコアが低いクラスを不平等に扱ってもよいことになります。しかし、この結論に違和感を覚える人がほとんどでしょう。

この思考実験はつまり、人類の平等の概念が知性の程度に依存するものではないことを示しています。つまり、ヒトとヒト以外の動物とのあいだにある不平等を説明するため、知性の差を利用しようとしても、それは理にかなわないということなのです。

知性が本質的なちがいを生み出すのか？

ここまで、知性の有無や程度の差がヒトとヒト以外の動物を隔てる本質的な差だとする立場の妥当性を検討してきました。もちろん、知性が高いほうが優れているという立場です。しかし、そもそもこの立場に立ったのは、直感頼りだったはずです。本当に知性の差がヒトとヒト以外の動物のあいだの本質的な差となりえるのでしょうか？　もしそうならば、そう考える根拠はどこにあるのでしょうか？　これが三つ目の問題です。

ひょっとすると私たちは、あまたある能力の中でもっとも優れた部分を引き合いに出して、ヒトがほかの動物よりも優れていると主張しているだけかもしれません。認知革命後のヒトの知性の高さはほかの動物を圧倒していますから（第2章参照）、知性の程度を用いて生き物を順位づければ、ヒトが最上位に位置することは当然です。もし、さしたる根拠がないにもかかわらず、自分が優れている尺度を用いて自分のほうが優れているると主張しているのならば、社会ダーウィニズム（第3章参照）が犯してしまった間違いを繰り返していることになります。

知性が個体の優劣を測るにふさわしい尺度かどうか、進化理論にもとづいて考えてみましょう。進化理論によれば、ある個体がべつの個体に比べて優れているかどうかは、生存競争（生存と繁殖をめぐる競争）を勝ち残れるか否かのみによって決まるのでした。他個体との生存をかけた競争に勝ち残り、子を残せた個体が優れているということです。それでは、知性は生存競争と関連しているのでしょうか？　ヒトを例にして、この点を検討してみましょう。

近年の研究では、ＩＱテストが高い人のほうが、子の数が少ないことが明らかにされています。この事実を進化理論で用いられる優劣の尺度に照らし合わせれば、知性が高いことは、決して優れていることを意味しない（むしろ、劣っている）のです。

人類は直感的に、知性がヒトをふくめた動物の価値を測る尺度にふさわしいと考えがちです。しかし、そう考えてよい科学的根拠などどこにもありません。つまり、ほかの能力や形質に対し、知性を特別視すべき理由はどこにもない、と考えるほうが自然なのです。

知性はほかのいかなる形質――たとえば体の大きさや、耳の垢の湿り具合（乾き具合）――と同じように、ただ単に個体差があるにすぎないと考えるべきです。たとえば、ある二つのクラスで〝耳垢が乾いている人〟の割合を比較した結果、一方のクラスはもう一方より有意に大きな割合をもつという事実が判明したとしましょう。この事実に対して、あなたはどう思いますか？　たぶん多くの読者は、「ああ、そうなの。で、それがどうかしましたか？」と思うだけでしょう。知能についても、まったく同じように考えるべきなのです。

そう考えると、ここまでの議論の前提としてきた、知性がヒトとほかの生き物を隔てる本質的な差であるという立場には、なんの根拠もなく、幻想にすぎないということになります。つまり、知性の程度を個体間で比較することは、生物学的にはなんら意味をなさないのです。

苦痛を感じるか？——ベンサム流の平等

能力（知性の高さ）を不平等の根拠に用いると、三つの問題が発生してしまうことを紹介しました。シンガーもこの点に用心し、「能力の差を不平等の正当化に利用してはならない」と説いています。その上で彼は、一九世紀のイギリスの哲学者、ジェレミ・ベンサム流の平等意識を紹介します。

ベンサムは、各人は一人であり、一人以下でなければ一人以上でもない、と平等の本質を表現しました。それでは、ここでいう各人とは誰を指しているのでしょうか？　彼の時代には、人種などを理由に、一人の人間として扱われていない人もたくさんいました。こうした状況を前にベンサムは、何が〝一人〟に値する基準となりえるのか考えました。そして、理性や会話の能力ではなく、苦痛を感じることができるかどうかが唯一の基準だ、という考えにたどりつきました。つまり、苦痛を感じることができる者は、能力に関係なく、平等に一人と扱われるべきだという考えです（ベンサムのこの考えは、シンガーの『動物の解放』でくわしく解説されています）。

この考えを動物にまで拡大してみましょう。もし動物に苦痛を感じる能力があるのならば、一人に値する／しないを分ける一線を越えたことになります。ですからこの場合、動物も一人として扱われなければ整合しません。それでは、動物も苦痛を感じる力をもつのでしょうか？

多くの読者は直感的に、動物にも苦痛を感じる能力があると考えることでしょう。日本では一九七三年に、動物を虐待したり殺傷したりした者に処罰を与える〝動物の愛護及び管理に関する法律（動物愛護管理法）〟が制定されました。さらに二〇〇六年には、動物愛護管理法にもとづき、〝実験動物の飼養及び保管並びに苦痛の軽減に関する基準〟が制定され、科学実験で動物を利用する場合、動物に苦痛を与えない方法で実施する義務が明記されるなど、動物の福祉が考慮されています。こうした事実は、動物にも苦痛を感じる能力があるという考えが日本国民に広く共有されていることを示す例となるでしょう。

動物は機械にすぎない？――デカルト流の苦痛のとらえ方

一方、この考えと正反対の結論にいたった人もいます。一六世紀のフランスの数学者、生理学者そして哲学者であるルネ・デカルトです。

デカルトは演繹法により世界を理解しようと試みた人です。演繹法――懐かしいですね。高校数学で習った、アレです。すこし復習しておきましょう。

演繹法とは、疑う余地のない少数の前提から、理詰めで新しい事実（定理）を探っていく推論の方法で、ユークリッド幾何学は演繹法の最たる応用例です。演繹法は、推論の前提となる条件（ユークリッド幾何学では公理がこれにあたります）が正しければ、そこから導かれる結論は必ず正しいという性格をもちます。

デカルトは、演繹法で世界の理解を進めるにあたり、前提となる疑いようもない事実は何だろうか？　と悩みました。そして、たどり着いたのが、世界を認識しようとする自分の存在は、疑う余地がない、という結論です。そうです、有名な〝われ思う、ゆえにわれあり〟です。

次にデカルトは、思考する実体としての自分の存在はゆるぎないものだが、何が自らに思考させているのかを問いました。そして彼は、私が思考するのは私に魂がある証拠であり、こうして考えている私の実体は魂だ、と推論を進めました（ここでいう〝魂〟は〝精神〟とか〝理性〟と訳されることもあります）。つまり、私は魂をもち、それにより思考する、だから私は存在すると結論したのです。そしてそれを出発点にして、演繹法による推論を進めました。

彼は、確実に存在する自分により認識される事物も同様に確実に存在する、と推論しました。しかし、身のまわりにある机、時計、水などが彼と同じように〝思考している〟とは思えません。こうした思考していないものたちは、魂の持ち主ではありえないので、魂とはべつの実体だと彼は考えました。そして、こうした魂をもたないものたちを〝物質〟とよんだのです。要するに、世界は〝魂〟と〝物質〟の二つから構成されていると考えたのです。この考えを物心二元論といいます。

物心二元論にもとづくと、ヒトは魂と物質（身体）の両方から構成されることになります。時計のように一定のリズムで心拍を打つヒトの心臓は、機械とまるで変わらない物質だ（心臓には魂は宿っていない）、とデカルトは考えたのです。

それでは動物はどうでしょうか？　デカルトは、動物には魂がなく、魂がないということは、思考していないばかりか、何も感じないと考えました。しかし、この考えは少し不自然です。動物を痛めつければ、苦痛を感じているような様子を見せますし、驚かせれば、おびえた様子を見せるからです。こうした反応から、動物も魂をもつと考えたほうが自然な気がします。

しかしデカルトは、これらの反応は動物が魂をもつ証拠にはならないと考えました。なぜならば、そういう反応をするように設計されたのが、動物という機械なのだ、と理解したからです。つまり、「動物がどんなに苦痛を感じているように見えても、おびえているように見えても、気にすることはない。そのように設計された機械なのだから」ということになります。デカルトはこのように、動物は苦痛を感じないと考えたのです。

苦痛は科学の対象となりえるか?

動物が神による創造物であるというキリスト教の考えが一般的であったデカルトの時代には、彼の動物観は容易に受け入れられました。人がつくった機械のように、動物も神につくられた機械と考えればよいのですから。一方、ヒトも神による創造物と考えられていましたが、ヒトが苦痛を感じることはヒトがいちばんよく知っています。

しかし、ダーウィンの進化理論発表以降、多くの人がデカルトの動物観に違和感を覚えるようになりました。なにせ進化理論では、ヒトと動物は系統的に関係する（共通の祖先から種分化により生じた）と考えるわけですから。ヒトと動物の共通祖先が苦痛という感覚を獲得し、それを引き継いだと考えれば、ヒトがもっている苦痛という感覚を動物がもっていても、なんらおかしくありません。問題は、動物が苦痛を感じる能力をもっているかどうかを確認する方法です。つまり、「苦痛を感じているように見える」という観察者の主観によらない、客観的なデータにもとづく議論をする必要があります。これはかなりの難題です。

たとえば、アメリカの哲学者、トマス・ネーゲルは、苦痛などの感覚や意識（の状態）はあくまでも主観的なものであり、客観的に表現することなどできようもないと主張しています。彼のこのスタンスは、「コウモリであるとはどのようなことか（What is it like to be a bat?）」というタイトルの論文にまとめられています。

ネーゲルは、ヒトはコウモリの行動や生理を調べることができるけれど、それをどれだけ調べようが、コウモリが主観的に何を感じているかを知ることは原理的に不可能であると主張しました。コウモリの感覚は、観測者であるヒトのフィルターを通った時点で擬人化されてしまい、コウモリ自身がどのように感じているかなど、ヒトには確かめようがないということです。

たしかにこう指摘されると、ヒト以外の種が感じる苦痛などは研究対象になりえない気がします。それならば、コウモリはおろか、ほかのいかなる動物が苦痛を感じているかどうかは、藪の中と言うことになるでしょう。

しかし、ヒト以外の生き物の苦痛に関する研究に挑戦した生物学者がいます。アメリカで生物学を教えるヴィクトリア・ブレイスウェイトです。なんと彼女は、慎重な実験を幾重にも積み重ね、ヒトが苦痛と呼んでいる感覚を魚類がもっていることを科学的に示すことに成功したのです。彼女の一連の研究により、慎重に実験を設計しさえすれば、痛みという意識の活動を客観的に計測することができることが示されました。

彼女の研究により、少なくとも魚類は苦痛を感じる能力をもっていることが明らかになりました。進化の過程で苦痛を感じる能力を退化させていない限りは、魚類より進化的に進んだ（魚類を祖先に持つ動物という意。四足動物：両生類、爬《は》虫類、鳥類、哺乳類がこれにあたる）動物はすべて、苦痛を感じる能力をもっているとみなしてよいでしょう。ということは、魚と四足動物は、人と同じ自然権をもちえることになります。

近年では、甲殻類（エビやカニの仲間）や頭足類（タコの仲間）に痛みを感じる能力があるか積極的に調べられています。

自然権の拡大の歴史

これまでの議論で、ヒトとそれ以外の動物のあいだで扱いを分けることに合理的な根拠がないことがわかりました。だとすると、ヒト以外の動物もヒトと同じように扱われるべきということになり、ヒトならば誰もが当然もっている自然権を動物たちももつと考えるべきでしょう。しかし、本当に自然権はヒト以外にまでひろがっていくのでしょうか？

アメリカの歴史学者、ロデリック・ナッシュはこの点を検討しました。そして彼は、英米で自然権がいかにしてマイノリティへと拡大してきたかを振り返ることで、自然権がさらに拡大する未来を予想しています。いまとなっては、あらゆる人が生まれながらにもっていると広く認められている（少なくとも国連はそういうスタンスをとっています）自然権ですが、かつては自然権の概念すらない時代がありました。自然権の概念は時間をかけて育まれ、それが次第にマイノリティへ拡大していったのです。

ナッシュが見つけた自然権拡大の物語のはじまりは、一三世紀のイングランドでのマグナ・カルタの制定です。この頃イングランドでは絶対王制が敷かれていて、国王ジョンは神から与えられたとされる絶対的な権力を盾に、イングランドを意のままに統治していました。この状況から、当時のイングランドでは国王以外、誰も自然権をもっていなかったと理解できます。

ジョンはやりたい放題の政治をおこない、国民を苦しめました。この状況を改めるため、貴族は国王の権力を制限する憲章マグナ・カルタを作成し、国王に承認を迫りました。そして、貴族からの政治的支持を失うことを嫌ったジョンは、これを承認せざるをえませんでした。一二一五年のことです。

このマグナ・カルタをいま読み返してみると、「不当に逮捕や監禁をされない」や「不当に財産を没収されない」といった自然権の概念が盛り込まれていると理解することができます。そう考えると、マグナ・カルタの承認は、自然権が国王から貴族まで拡大した瞬間ととらえられます。

次に事態が変わるのは、一六八八年の名誉革命です。当時のイングランドではマグナ・カルタが承認されたにもかかわらず、依然として国王ジェイムズ二世が恣意的な政治をおこない、国民

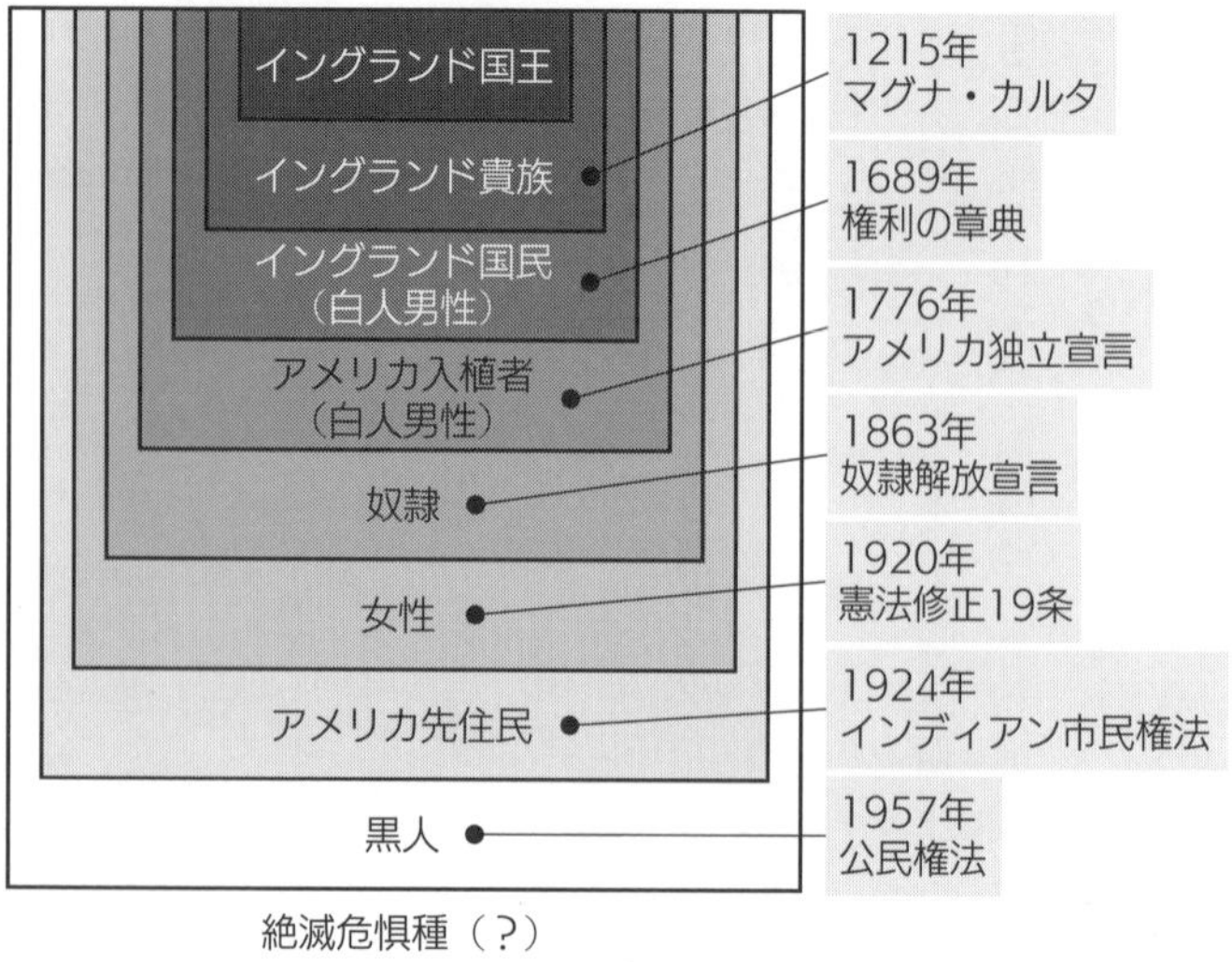

自然権の拡大

が苦しめられていました。この状況に嫌気が差した国民は、ジェイムズ二世を追放し、オランダ総督のウィレムとその妻メアリを国王として迎え入れました。この国王の交代時には犠牲者がほとんど出なかったため、名誉革命と言われています。

さて、この国王の交代時に国民は、自分たちの生命や財産の保護が盛り込まれた〝権利の宣言〟を作成し、新国王にこれを認めさせました。権利の宣言は翌一六八九年、〝権利の章典〟としてまとめられました。権利の章典の成立は、貴族だけでなく一般国民まで自然権が拡大したことを意味します。とはいえ、自然権はまだ、国内にいる白人男性にまで拡大したにすぎません。

次に自然権を獲得したのは、アメリカ大陸に移住した白人男性たちです。

一八世紀にヨーロッパで起きた人口爆発の結果、増えすぎたイギリス人の一部は仕事や住居を求め、アメリカ大陸へ移住していきました。こうして、アメリカ大陸には一三邦のイギリスの植民地がつくられたのですが、イギリス政府はなぜか、その植民地の住人たちに続々と新しい税を課しはじめたのです。

当然、アメリカ入植者から不満の声があがります。そしてついに、一七七五年にはこの圧政をめぐり武力衝突が起こりました。これがアメリカ独立戦争です。結局、独立戦争はアメリカ軍の勝利に終わり、アメリカ独立宣言が一七七六年に採択され、一七八一年に承認されました。

アメリカはイギリスの圧政から解放されたのですが、このとき、もうひとつ画期的な出来事が起こりました。一七七六年のバージニア邦憲法の制定です。独立を目論んだ植民地のひとつであったバージニア邦では、イギリス政府の主権を制限するため、成文憲法を整えました。それがバージニア邦憲法でした。この中には、権利の章典に通じる個人の自然権や人民主権が盛り込まれていたのです。こうして、アメリカ入植者（白人男性）にまで自然権が拡大しました。

その後、一八六三年の奴隷解放、一九二〇年の憲法改正による女性の権利拡大、一九二四年のアメリカ先住民の権利拡大、一九五七年の黒人の権利拡大というように、自然権の拡大は続いていきます。もちろん、法令が制定された年を境に、マイノリティが実質的に権利を獲得できたわけではないでしょう。また、世間には依然として差別が残っているとも思います。しかし、自然権が時間をかけてマイノリティへ拡大してきた歴史には間違いがありません。

自然権はどこまで拡大するか?

ナッシュによれば、現在は、自然権が絶滅危惧種へと拡大し、種差別が撤廃されつつある時期にあたります。そして、将来的には、木や草や石をもふくむあらゆる自然物まで自然権が拡大すると、彼は予想しています。種差別が撤廃され、さらにはあらゆる自然物にまで自然権が拡大するという、ナッシュが語るマイノリティへの権利拡大のストーリーは夢物語のように聞こえるかもしれません。しかし、彼は本気です。

これまで起きてきたマイノリティへの権利拡大においても、マジョリティは決まって「なぜそんなばかげたことをしなければならないのか?」と一笑に付してきました。しかし、歴史を振り返れば、いまや人種を超え、性別を超えて自然権が付与されることは当たり前になっています。こうした歴史から帰納すれば、いずれは、ヒト以外の動物、植物、そしてあらゆる自然物にまで自然権が拡大するという結論に達するのです。現段階では、あらゆる自然物が自然権をもつなどばかげていると思えるかもしれません。しかし、きっと「種差別が当たり前の時代があったなんて信じられない」という時代がくるのでしょう。

そもそも種は存在するのか？

ここからは視点を変え、種差別が論理的に誤っていると主張する生物学的な根拠を紹介します。生物学者は種差別に対して、一風変わった批判をしています。

種間の不平等を正当化するためには、ヒトとそれ以外の生物種のあいだに生物学的に明瞭な境界が存在することが大前提となります。ヒトとそれ以外の生物種とのあいだに明瞭な境界線を引くことができないならば、種によって扱いを変えることに正当性を認められるはずがありません。しかし、進化を土台に考えると、ヒトとその他のいかなる生物のあいだにも生物学的に明瞭な境界は存在しない、という結論にたどり着いてしまうのです。少しややこしい話ですが、説明していきましょう。

便利だけれど実体はない

生物学において、生き物の分類の基本単位は〝種〟です。ヒト、チンパンジー、キリン、カブトムシ、……これらが種に該当します。生き物をヒト、チンパンジー、キリン、カブトムシなどの種に分類できることを否定する人はいないでしょう。これを否定すると、生物学でもっとも歴史があり、重要な学問領域である分類学が成立しないことになってしまいます。

しかし、だからといって、〝種〟とよべるグループが本当に存在しているかは、多くの生物学者にとっても自明ではありません。進化を土台にして考えると、ある種とべつの種の境界が悲しいほどにあやふやになるからです。そこで、ほとんどの生物学者は、「種とは生き物を分類するときに便利な単位なのだけれども、そのじつ、実体はない」という立場をとっています。この立場に立てば、「生物学では、生き物を種に分類しているけれども、種と種のあいだには明瞭な境界などない」ということになります。

「じゃあ私たちの目の前にはっきりと存在している、ヒト、チンパンジー、キリン、カブトムシは何だ？」という疑問が生じることでしょう。

「種と種の境界があやふやだ」と聞いて、違和感を抱く人もいるかもしれません。とくに、高校で生物を履修した人はその傾向が強いでしょう。なぜならば、高校生物の教科書には、「種を区別する場合には、交配できるかどうかが基準となる」などと明記されているからです。こんなに明瞭な境界が設けられているのだから、交配できるかどうかで粛々と生き物を種に分けていけばいいだけで、生物学者が悩む余地などないと考えるのがふつうでしょう。

この交配の可否にもとづく種の基準を〝生物学的種の概念〟と呼びます。また、交配ができない生物どうしのあいだには「生殖的隔離がある」と言います。生物学的種の概念は根拠がはっきりした分類基準で、生物学者が重要視していることは間違いありません。しかし、生物学的種の概念を利用したとしても、種と種の境界は依然あいまいなままなのです。次項でくわしく見ていきます。

遺伝子の川

イギリスの生物学者リチャード・ドーキンスは、互いに交配可能な（生殖的隔離がない）個体のグループを種と定義する生物学的種の概念を〝遺伝子の川〞にたとえて表現しました。

このたとえでは、ひとつの遺伝子の川（支流）がひとつの生物学的種に該当します。ヒトの川、チンパンジーの川、キリンの川、……種の数だけ遺伝子の川が流れているということです。その川ひとつひとつの中で同種の生物個体が生活していると見立てられます。同じ遺伝子の川の中で生活する個体どうしが交配をし、子を残します。けれども、べつの川に生活する個体とは交配できません。

つまり、「ヒトの川には現在、七〇億人以上の個体が生息し、これらが互いに交配し、子を残している。陸地を挟んで隣にはチンパンジーの川が流れている。ヒトの川に生息する個体（つまりヒト）は、陸を越えてチンパンジーの川へと移動することができず、そこに住む個体（チンパンジー）とは交配できない。川と川を隔てる陸の役割をしているのが生殖的隔離だ」という考えです。生物学的種を遺伝子の川になぞらえるとは、ベストセラー作家でもあるドーキンスらしい詩的な表現です。

この遺伝子の川には、現実の川とはちがった特徴があります。現実の川は高いところから低いところへ流れますが、遺伝子の川は過去から現在へ流れるのです。

遺伝子の川はときとして、現実の川と同じように一つの流れが二つの流れに分岐することがあります。また、一本の川でも、時間によって呼び方が変わることもあります。これらが、ある種からべつの種が生じる〝種分化〟に該当します。

次に、種分化について、ヒトの進化系譜を用いて説明しましょう。

前進進化――ハイデルベルク人とヒトのあいだ

ヒト（ホモ・サピエンス）は、ハイデルベルク人（ホモ・ハイデルベルゲンシス）から進化しました。ハイデルベルク人は七〇万～五〇万年前には出現していました。一方、ヒトの出現は二〇万年ほど前のことでしたね。つまり、ハイデルベルク人からのヒトの種分化は数十万年かかったということです。この種分化は、世代交代のたびに小さな変化が漸次的に蓄積されることで進んだと考えられています。いまとなっては調べる術はありませんが、数十万年の時間を隔てたハイデルベルク人とヒトの個体のあいだでは、生殖的隔離があると想定できます。この想定が正しいとすれば、生物学的種の概念に照らし合わせても、ヒトとハイデルベルク人は別種といえます。こうした、世代の交代に伴い小さな変化が漸次的に蓄積されることで進む進化は、〝前進進化〟と言わ

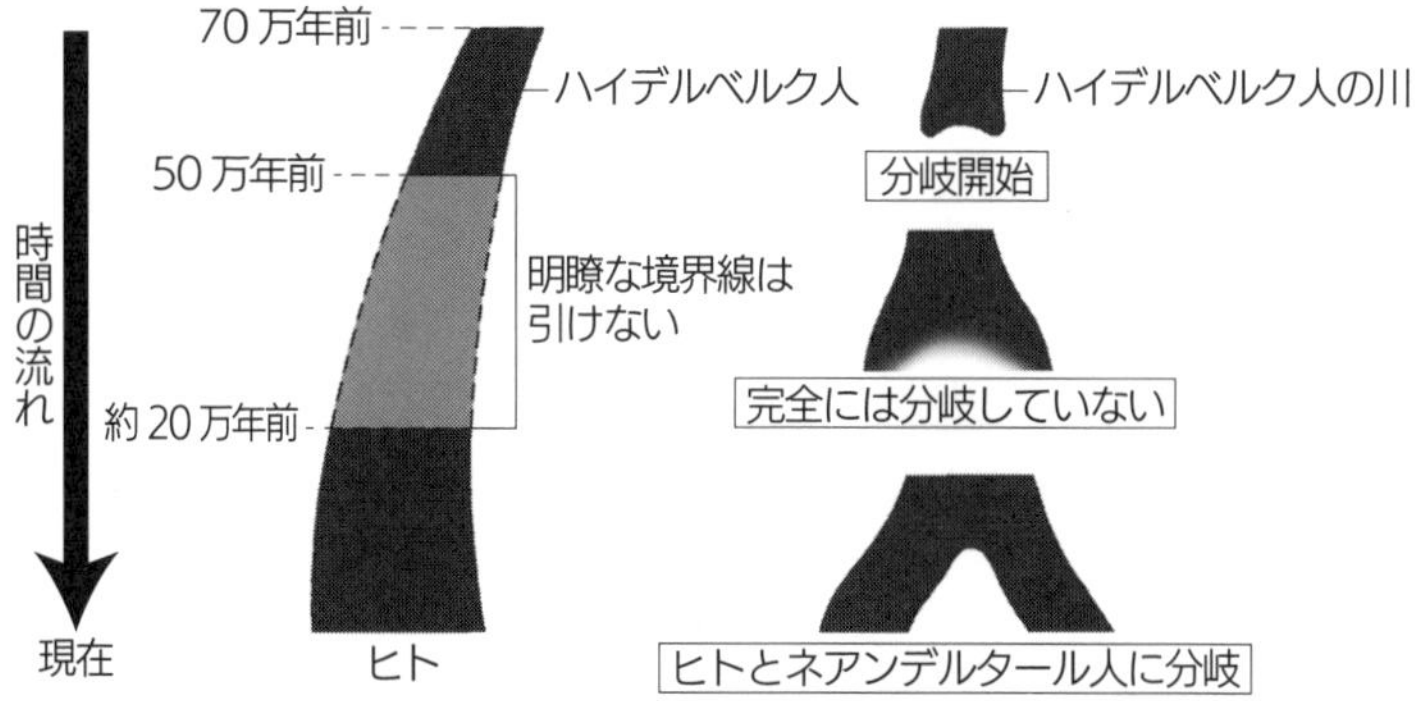

前進進化と分岐進化：ハイデルベルク人が前進進化してホモ・サピエンスが誕生した（左）。この2つの種のあいだに明瞭な境界線を引くことはできない。また、ハイデルベルク人はネアンデルタール人とヒトに分岐進化した（右）。分岐の初期には、これら2つの種のあいだにはほとんど差がなかった。

れています。

前進進化を遺伝子の川で表すとどうなるでしょうか。かつてはハイデルベルク人と呼ばれていた遺伝子の川が、いつの間にかヒトと呼ばれる遺伝子の川へと変化しているという状況です。現実世界を流れる川でもよく似たことが起こります。たとえば、長野県を流れているうちは千曲川と呼ばれていた川が、新潟県に入ると信濃川と呼び名が変わる、といったことです。この場合、千曲川と信濃川の境界は明瞭です。それでは、前進進化しながら流れる遺伝子の川に、親種（種分化前のもとの種）と娘種（種分化により生じた新しい種）を分ける境界は存在するのでしょうか？

ここで、私のご先祖様を例に、ヒトからハイデルベルク人まで系統を遡る思考実験をしてみましょう。〝種〟という概念がもつ本質的な問題が明らかになるはずです。

私はヒトですが、私の父も祖父もヒトで、ハイデルベルク人ではありません。しかし、一世代ずつ祖先を遡る作業を繰り返せば、やがてはハイデルベルク人にたどり着くはずです。では、私の祖先のどの直近世代のあいだに、ハイデルベルク人とヒトの境界線を引けばよいのでしょうか？　直近世代とはつまり、親子の関係を指します。そして、親と子のあいだに生殖的隔離があるほどのちがいを想定するのは、どの親子を取り出してみても無理があります。

このように考えると、進化を土台にして考えると、前進進化により種分化した種のあいだに明確な境界など引けるわけがありません。

分岐進化——ネアンデルタール人とヒトのあいだ

次に、分岐進化について考えてみましょう。分岐進化とは、もともとひとつの種だった生き物のグループから別々の方向へ進化するグループが現れ、二つの種に分かれる種分化を指します。たとえば、ハイデルベルク人からネアンデルタール人とヒトへの分岐が当てはまります。

分岐進化により生まれたネアンデルタール人とヒトは別系統であり、私たちの祖先をいくら遡ってもネアンデルタール人にはたどり着けません。ということは、ヒトとネアンデルタール人のあいだには明瞭な種の境界線が引けるかもしれません。

さて、ハイデルベルク人がヒトとネアンデルタール人に分岐しはじめたときのことを、遺伝子の川のたとえを使って考えてみましょう（229ページの図参照）。最初は、〝ヒトの川〟や〝ネアンデルタール人の川〟と呼べるほどの流れはなく、〝染み〟程度だったはずです。つまり、チャンスさえあれば、初期のヒトとネアンデルタール人は交雑できたはずです。

アメリカの生物学者リチャード・グリーンらは、ネアンデルタール人の骨からＤＮＡを採取し、全ゲノムを解読しました。その結果、現代人がネアンデルタール人の遺伝子の一部を引き継いでいることが明らかにされ、つまり、ヒトとネアンデルタール人がかつて交雑していたことがほぼ確実になったのです。染み程度でしかなかった流れがやがて小川となり、長い時間をかけてヒトの川やネアンデルタール人の川へと成長していったのです。そして、ヒトの川とネアンデルタール人の川が一度はっきりと分岐してしまう（生殖的隔離が成立したという意味）と、両者はますます遠ざかるように流れていきます。

分岐が完了してから十分に時間がたつと、ヒトとネアンデルタール人ははっきりと区別のできる二つの種に見えますが、分岐したての頃は見分けがつかないほどのわずかなちがいしかなかったはずです。きっと、現代の生物学者がその時代にタイムスリップしても、分類しようなどとは思わないほどでしょう。分岐進化においても、このとおり両者を分けられないグレーな時期があるのです。

つまり、進化を土台に考えると、「いかなる種のあいだにも明瞭な生物学的な境界線は引けない」という結論にいたります。この考えは、ほとんどの生物学者が認めるところでしょう。つまり、種というグルーピングは幻想にすぎず、現実には、大きなひとつの〝生き物〟というグループだけが存在するのです。

すべての境界はグレー

このように、種分化の途上にある種群に対しては、「種からべつの種への変化は連続的だから、明瞭な境界線は引けない」という議論は成り立ちます。しかし、現生するヒトとチンパンジーのあいだやヒトとカブトムシのあいだではどうでしょうか?

「ヒトとチンパンジー、ヒトとカブトムシの区別がつかない。両者のあいだに明瞭な境界線が引けない」と悩む人はめったにいないでしょう。しかし、ヒトとチンパンジーにも共通祖先がいます。ヒトとチンパンジーのあいだのゲノムのちがいは、ヒト(あるいはチンパンジー)の系譜を約一三〇〇万年遡ると、両者の共通祖先にたどり着くことを示しています。つまり、ヒトの川とチンパンジーの川はこの頃に分岐したのです。この分岐地点まで遡ってしまえば、ヒトとネアンデルタール人の場合と同じく、この二つのグループを明瞭に分けることなどできません。ヒトとチンパンジーのように、まごうことのない差異が存在し、生物学的に明瞭な境界線を引くことのできるグループでさえ、進化を土台に考えれば、境界があいまいなグレーゾーンの存在を認めざるをえません。

ヒトとカブトムシの場合でも同じことです。この場合、数億年前まで遡らなければなりませんが、いずれは共通祖先にたどり着きます。そして、共通祖先からヒトの祖先とカブトムシの祖先への分岐は連続的であり、ヒトの祖先とカブトムシの祖先を分ける明瞭な境界線を引けないことは、論理的に明らかです。進化の系譜をたどれば、すべての生物の境界がグレーになるのです。

一度きりの生命誕生仮説

少し唐突ですが、生物学の分野においてとても有名な〝一度きりの生命誕生仮説〟を紹介します。この仮説は、地球にいる（いた）すべての生物には共通の祖先がいる、つまり全生物がその生物の子孫である、とするものです。したがって、共通祖先の誕生という出来事は、地球の歴史上でたった一度だけに絞られるのです。

一度きりの生命誕生仮説の根拠となるのは、われわれ生物が共通してもつ次のような特徴です。

・遺伝物質としてDNAを利用している。
・同一のDNAの複製方法を採用している。
・ATP（アデノシン三リン酸）という化学物質を介して生体内でエネルギーをやりとりしている。
・体外と体内を分ける膜構造がある。

こうした共通の性質は普遍的相同性と呼ばれています。普遍的相同性に対して生物学者は、「べつに遺伝物質がDNAでなくたっていいじゃないか！」とか「ATP以外の化学物質を使ってエネルギーのやりとりをして何がいけないんだ?」と考えています。物理化学的には、遺伝物質がDNAに限定されることや、エネルギーのやりとりを媒介する化学物質がATPに限定されることに必然性が見つからないからです。もっと多様なしくみの生命がありそうなものなのに、なぜか地球上の生物は普遍的相同性に縛られているのです。

DNAやATPに縛られる必然性がないにもかかわらず、すべての生物がこうした性質を共有している理由をもっとも合理的に説明する方法は何でしょうか? それはたぶん、「すべての生物に共通の祖先がいて、この共通祖先が遺伝物質としてDNAを利用し、エネルギーのやり取りを媒介する化学物質としてATPを利用していた。そして、それらの性質がその後出現したすべての生き物(共通祖先の子孫)に引き継がれている」と考えることです。

一度きりの生命誕生仮説を受け入れるのならば、すべての生物はたったひとつの共通祖先をもつことになります。この全生物の共通祖先が娘種に進化する時点を考えれば、ヒトとハイデルベルク人の境界がはっきりしないがごとく、すべての種のあいだに境界線を引くことができなくなります。つまり、私たちが呼び分けているすべての〝種〟は幻想だということです。この考えにもとづけば、私たちが異なる種とみなしている生き物たちはすべて、共通祖先が姿かたちを変えたものであり、本来区別できない一種だということになります。

実体がなく、ヒトが便宜的に呼び分けているものが種だとするならば、種の区別には本質的な意味はないことになります。そして、本質的な意味のない区別を根拠に、ヒトとそれ以外の動物のあいだに権利の差が生じるとする考えは、受け入れられません。

5-3 〈正義〉の生物学

ここまで、人間中心主義（ヒトのために生物多様性を守るという立場）の欠点として、この立場を突き詰めていくと、人間にとって都合のいい種だけを保全すればいいという、人間本位の身勝手な考えに行きついてしまうことを指摘しました。しかし、この指摘に対し、いささかの疑問が残るかもしれません。はたして、人間本位に、身勝手に考えることは、まずいことなのでしょうか。

たとえば、人間本位に考え、人間のためにならない多くの種の生存を脅かしたとしましょう。それによってヒトは実質的な不利益を被るでしょうか？　彼らはヒトにとってよくも悪くもない、ニュートラルな存在なはずです。ですから、たとえ彼らが存在しないとしても、ヒトの生活はなんら影響を受けません。ヒトにとって損か得かという基準だけで行動の善し悪しを評価すれば、人間本位に身勝手に考えることは悪くはなさそうです。

しかし、ヒトが行動の善し悪しを評価する基準は「損か得か」だけではありません。「正しいおこないかどうか」も、重要な基準です（5‐1節で紹介した生命中心主義による生物多様性の保全や種差別の撤廃も、ヒト以外の動物の命を尊重することが正しいおこないであるという考えにもとづくものでした）。本書では「正しいおこないかどうか」という基準を〝正義の基準〟とよぶことにします。本節では、生物多様性保全の重要なカギとなる〝正義〟について、生物学的な視点から考えてみたいと思います。そして、正義の基準にもとづいて生物多様性の保全を考察します。

正義とは

正義について考えを進めるにあたり、本書が採用する正義の定義を示しておきます。正義と言えば一般的に、ヒトがおこなうべき正しいおこないという意味をもちますが、本書では、

①（任意の）個人が正しいと思っておこなう行為であり、
②かつ、他者がおこなった場合にも正しいと思える行為、

と定義します。つまり、正義は任意の個人にとって正しいと思われる行為といえます。

正義をこのように定義すると、これは法令などのルールと（ほぼ）等しいと考えてしまうかもしれません。ルールには、個人がおこなうべき正しい行為（あるいは、おこなうべきでない間違った行

為）が記述されているのですから。実際、正義とルールは、社会で共有された価値観を反映するという共通の性質をもちます。

しかし、正義とルールのあいだには明確に異なる点もあります。正義には個人の内面からおこないを律しますが、ルールは外側から社会の構成員の行動を規制します。

正義とルールの関係を考えると、ルールは正義に準ずるといえるでしょう。上述のとおり、社会が定めた行動の規範や約束事がルールです。社会があるルールを定めるということは、社会やその構成員がそのルールを必要とし、そのルールをつくることに正当性を認めていることを意味します。正義とは、社会があるルールを定めることの是非にかかわる概念で、定められたルールの正当性を担保するものです。

正義の起源

そもそも正義の起源はどこにあるのでしょうか？　もしかすると正義は、ヒトが社会に必要な（有用な）文化としてつくり出したものかもしれません。仮にそのとおりだとすると、ヒトは教育などにより後天的に正義を身につけることになります。正義は文化的につくり出され、文化的に継承されてきたということです。正義が後天的に獲得・醸成・継承されていくとするこの考えは〝正義の行動主義的学習説〟として知られています。この説では、正義はすべて学習によりもたらされていると考えます。

正義は文化的な産物で、文化的に継承されてきたという考えには一理あるかもしれません。なぜならば、どのような行為を正しいとするかは、社会に依存する側面があるからです。

その証拠として、ある社会では正しいおこないが、ほかの社会ではそうはみなされないという事実をあげられます。たとえば、校則を考えてみましょう。多くの学校が校則と呼ばれるローカルルール（特定の団体や地域のみで通用するルール）をつくっています。多くの学校を見渡したとき、校則には共通する部分があるでしょうが、学校によって多少異なります。例を挙げるとすれば、髪型に関する約束事がまったくない学校から、髪型について細かく規定する学校まであるというちがいです。

このように、学校によって校則の内容が多少異なるという事実は、ルールの社会依存性を示す一例です。そしてこれは、ルールはヒトが社会的につくり出した産物であることを示しています。

それでは、正義も同じでしょうか？　そうともかぎりません。校則は学校間でちがうかもしれませんが、校則を定めた背景は学校を超えて共通しているはずだからです。つまり、学生としてふさわしく、正しいおこない（つまり、正義）をなすべきだとする考えです。そして、ふさわしい行為の具体的範囲が学校の判断により異なっているため、校則が学校間で異なるだけだと解釈することができます。ルールが社会のあいだで異なるからといって、正義まで異なるとまでは言えそうにありません。

また、多様なローカルルールが存在する一方で、国や地域を超えて共通したルールもあります。たとえば、「人を殺してはいけない」、「人のものを盗んではいけない」、「誰もが平等に扱われなければならない」といったものです。こうした普遍性の高いルールの存在は、それらが、社会や文化が多様化する以前に獲得された正義が明文化されたものであると考えることで説明できます（もちろん、すべての社会に共通してこれらのルールが重要であり、それぞれの社会が独自に同じルールをつくり出したと考えることでも説明はできますが）。こう考えると、正義の一部はヒト全体で社会や文化を越えて共有されているのかもしれません。

普遍性をもつ正義があることは、〝正義の行動主義的学習説〟では完全には説明しきれないことをほのめかしています。そこでべつの考えが現れました。正義は、生物学的な遺伝により継承される、ヒトの本性として備わっているという考えです。この考えは、〝正義の遺伝的進化説〟として知られています。

最近の研究により、正義（の少なくとも一部）はヒトに先天的に備わっていると考えたほうがよいことがわかってきました。それでは、ヒトが生まれながらに正義をもっていることを示唆する研究例を紹介しましょう。

生得的な正義——乳児・幼児たちの行動

最初に紹介するのは、ドイツのマックス・プランク進化人類学研究所の名誉所長、マイケル・トマセロらによる一〜二歳の子供を用いた研究です。

正義は漠然とした概念ですから、科学的な研究をおこなうためには、もう少し具体的な対象を扱う必要があります。そこでトマセロらがおこなった、幼児による〝援助行動〟に関する実験を頼りに、正義を考察してみましょう。援助行動、すなわち困っている人を助けることは原始的な正義のひとつだと、考えることができるでしょう。というのも、先に、正義は任意の個人が正しいと思う行為と定義しましたから、「困っている人を助けること」はたしかに正義にあたると言えそうだからです。

さて、トマセロらは一四ヵ月と一八ヵ月の幼児を、面識のない、身内ではない大人と出会わせました。この大人は少し困った状況に置かれています。たとえば、荷物で手がふさがっていて戸棚の扉を開けられないとか、欲しいものに手が届かないとか、うっかり物を落としてしまったという演技をさせたのです。そして、それを見た幼児がどのようにふるまうか（とくに援助をおこなうかどうか）を観察しました。

二歳にもならない幼児を被検者にしたのには、意味がありました。これらの被検者は幼すぎて、他人に対して援助をおこなうことを親たちから期待されることもなければ、援助をおこなうように教育されてもいないはずです。つまり、幼児の行動には、親や社会からの教育がほとんど影響していないと考えられるわけです。

実験結果は明らかでした。ほとんどすべての幼児が、見ず知らずの大人に対して援助をおこなったのです。被検者は一年以上、親のふるまいを観察してきたはずですから、そのあいだに親

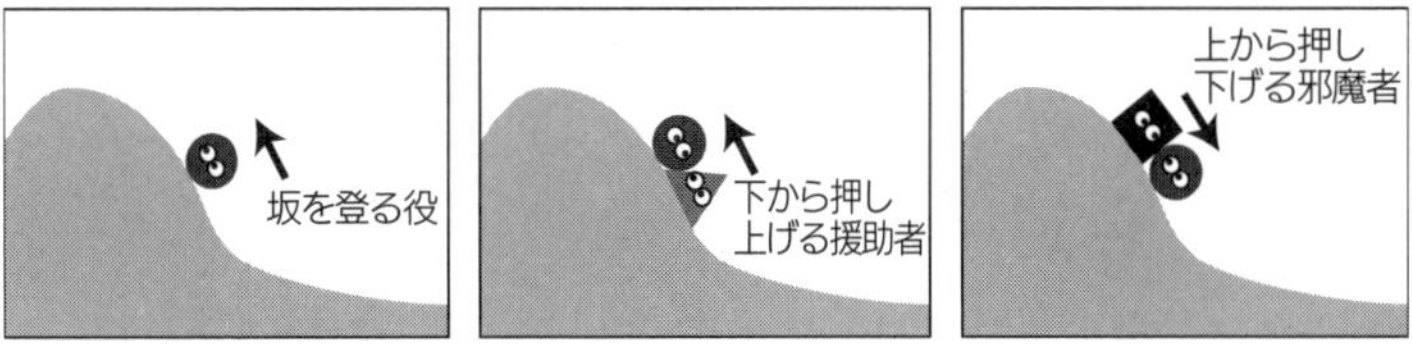

ウィンらの実験：坂道を登ろうとする○に対して、△が援助、□が邪魔をする様子を乳児に見せた。乳児は□（邪魔者）よりも△（援助者）を好んだ。[Hamlin, J.K. et al. 2007を参考に作図]

が他者を援助する様子を見る機会があったとしてもおかしくありません。ですから、幼児は単に親のまねをしただけという可能性は考えられます。しかし、いくつかの補足実験と考察から、トマセロらは、幼児が示す援助行動は、文化や教育によるものではなく、ヒトが生まれながらにもっている「問題を抱える他者に同情する」気持ちの現れだと結論づけました。援助行動の生得性は正義の生得性を強く示唆します。

正義が生得的であることをほのめかす二つ目の研究は、イェール大学のカレン・ウィンが夫のポール・ブルームらと共同でおこなったものです。この研究では、生後六ヵ月と一〇ヵ月の乳児が被検者でした。トマセロらの実験よりもさらに幼い子どもたちを対象にしたということです。

実験では乳児に、単純な図形が動くアニメーションを見せました。登場する図形は、目が描かれた○、△、□の三種類で、これらが坂のある舞台上を動きます。○は単独では坂を登ります。一方、△や□は○に干渉します。△は○を下から押し上げ、□は○を上から押し下げるのです。擬人化すれば、△は○の援助者、□は○の邪魔者ということになります。

この様子を見せたあと、ブルームらは乳児が△と□のどちらを好むのか評価しました（言語によるコミュニケーションが未確立な乳児の好みを測るのは骨が折れますが、心理学的なテクニックを駆使して評価がなされました。その方法を理解するには専門的な知識を要するので、本書では説明を割愛します。詳細を知りたい方は巻末の文献をご参照ください）。結果は明らかでした。乳児は圧倒的に、○の援助者である△を好んだのです。

つまり、援助をするものに好意を抱き、邪魔者に対して嫌悪感を抱くということです。この結果は、乳児がすでに、ヒトとしてふさわしい行為（他人を助ける）の規範に則って他者（この場合、△や□）の人物評価をおこなっていることを示唆します。この研究も、正義の芽生えは生得的、すなわち生物学的な適応であることを示唆しています。

エドワード・ウィルソン――やりすぎた生物学者？

正義（の少なくとも一部）が生得的であるということは、重要な生物学意味をはらんでいるのですが、それを解説する前に一人の生物学者を紹介したいと思います。

かつて、倫理学（ヒトとしてふさわしい行動規範を考察する学問）を哲学の一分野としてではなく、生物学の一分野として取り扱うべきだと主張した生物学者がいます。ハーバード大学で生物学を教えたエドワード・ウィルソンです。生物多様性に関する生態学を専門とする私がウィルソンの名を聞くと、一九八〇年代以降の彼の仕事である、生物多様性の概念化やバイオフィリア（ヒトには生物多様性を嗜好する傾向があるとする仮説）の提案者としての姿を思い浮かべます。しかし彼は、それ以外にもいろいろなことをしすぎた人です。ウィルソンについて、私なりの紹介をしておきましょう。

一九六七年、ウィルソンはアメリカの生物地理学者ロバート・マッカーサーとの共著で、島の生物多様性理論に関する書籍『*The Theory of Island Biogeography*（島の生物地理学の理論）』を出版しました。『島の生物地理学の理論』は生態学の専門書ですから、生態学に興味がある人はぜひ読んでみてください。目からうろこが落ちるようなことがたくさん書いてあります。

ウィルソンは生態学の専門書以外にもたくさんの本を著しました。彼は筆才をいかんなく発揮しましたが、そのことは受賞歴を見ても明らかです。たとえば、アメリカではピューリッツァー賞（報道や文学、作曲の功績に対する賞。ウィルソンは〝一般ノンフィクション〈General Nonfiction〉部門〟を受賞）を二度、日本では国際生物学賞やコスモス国際賞を受賞するなど、国際的に活躍してきました。ベストセラーの書籍を何冊も著しているので、読んだことがある方も多いでしょう。

一九六〇年代のウィルソンは島の生物多様性に関する理論を構築し、一九八〇年代以降には生物多様性やバイオフィリア（あとで紹介します）の概念化をおこないましたが、そのあいだの一九七〇年代にもたくさんのことをしでかしています。彼が自ら〝生涯の三部作〟とよぶ、『*The Insect Societies*（昆虫の社会）』『社会生物学（*Sociobiology*）』『人間の本性について（*On Human*

Nature)』を執筆したのがこの時期です。とくに、『社会生物学』『人間の本性について』は多くの人を巻き込む大論争を引き起こしました。本書では、『社会生物学』が巻き起こした大論争を紹介しましょう。

ウィルソンの試み——ヒトのすべてを生物学で理解しよう

日本語版では一四〇〇ページにおよぶ『社会生物学』の最終章は、ヒトについて語るパートになっています。一〇〇〇ページを過ぎてからやっとはじまる最終章の内容は衝撃的でした。

手短かにまとめると、「ヒトだって生物なのだから、ヒトのすべては生物学の枠組みで理解することができる。いずれは、文学や歴史学といった人文科学や、人類学や社会学といった社会科学は、社会生物学として生物学に統合される」と論じているのです。かなり大胆な予想ですね。

最終章にはヒトの正義(倫理)や性、美学、文化、宗教までが論じられているのですが、ウィルソンはこれらをダーウィンの進化理論、とくに自然選択と結びつけて説明しようとしました。たとえば、ヒト集団にある一定の割合で同性愛者が現れることを、(仮想的な)同性愛の遺伝子と集団遺伝学の理論を用いて説明しています。同じように彼は、ヒトのあらゆる行動や文化は遺伝子にまで還元できると論じたのです。

しかし、ウィルソンの説明は、必ずしも根拠がはっきり示されていたわけではありませんでした。彼が用いた根拠は、「自然選択で説明しても矛盾しない」というレベルのものだったのです。

先の同性愛に関する説明も、へ理屈と非難されても明確には反論できない程度のものでした。それでも彼は、進化理論による説明を突き進めていきました。読みようによっては、人間社会で起きる現象なんて生物学だけで説明できる（ようになる）と納得させられるかもしれません。

これに反旗を翻したのが、同僚の生物学者や人文・社会学系の学者でした。ウィルソンの論に向けられたおもな批判は、

①文化や社会の影響が大きいヒトの行動を、進化理論だけで説明しようとするのは間違っている。まるで、ヒトの行動が遺伝子だけで決定されているように読めてしまう
②自然選択だけが進化のメカニズムではない。偶然により進化が進むこともあるのに、ウィルソンにはこの視点が抜けている。ウィルソンは視野が狭すぎる
③反証できない考えばかりである

というものでした。

ヒトの行動が遺伝子の影響を受けていることは間違いないでしょう。しかし、批判①が指摘したように、遺伝子だけが行動を決めているわけもありません。教育やその他さまざまな社会的要因の影響も強く受けているのは、いうまでもないことです。第3章で見た社会ダーウィニズムの間違いを繰り返さないため、複雑な社会と文化をもつヒトに、安易に生物学の理論を当てはめて

はいけないことは、その当時すでに常識になっていました。

それに、批判③が指摘したように、「そのように見える」ことを根拠に、反証条件を示さぬまま進化理論で説明を続けようとするウィルソンの態度は、科学者として間違っています。

さらに、安易に生物学的な説明を加えてしまうと、根拠が弱いにもかかわらず、それが一人歩きしてしまう危険もあります。たとえば、社会にはびこるさまざまな悪や闇（たとえば差別や社会的な格差、戦争）の存在に、生物学的なお墨つきを与えたことになりかねないのです。

社会生物学論争

人間社会の現象を生物学的に説明した場合に問題が生じる例をひとつ紹介しましょう。

インドに生息する霊長類ハヌマンラングールは〝子殺し〟をおこなうことで有名です。ハヌマンラングールはオス一頭とメス数頭（および子どもたち）からなる群れをつくります。子殺しが起こるのは、群れのリーダーであるオスの交代時です。前のリーダーを群れから追い出した新しいオスは、前のリーダーが残したと考えられる赤ちゃんを殺します。赤ちゃんを殺されたメスは、殺されなかった場合よりも早く発情するので、結果として、新しいリーダーは早く交尾をして子を残せることになります。したがって、子殺しの遺伝子は、（もしあるとすれば）ハヌマンラングールにとって適応的であり、集団内に拡散、固定されたと考えられます。

人類が戦争時にくり返してきた征服と虐殺も、ハヌマンラングールの子殺しのように生物学的に説明しようと思えば、できないこともありません。つまり、戦争時の征服と虐殺は、ハヌマンラングールの子殺しと同じように、征服者にとって遺伝子の拡散に有利であるという説明です。そしてさらに、「人類がおこなう征服と虐殺は生物学的に理にかなったものであり、生物学的に考えると、これらの行為は生得的で、致し方ないものである」と結論づける人が現れるかもしれません。ノーベル生理学・医学賞を受賞したコンラート・ローレンツも、ヒトをふくむ多くの種が同種他個体への攻撃性を生得的にもっていると論じました。

しかし、この結論には、いくつもの論理の飛躍があります。ハヌマンラングールの子殺し理論を適用することで、人類の戦争に対して生物学的な解釈が可能だとしても、多々ある解釈のうちのひとつにすぎず、その解釈が正しい保証などどこにもありません。

実際、正反対の解釈も可能です。たとえばアメリカの人類学者、ブライアン・ファーガソンは考古学的証拠から、戦争は、ヒトが進化の中で獲得した性質によりおこなわれると

ハヌマンラングール：インドなどに棲息する霊長目（霊長類）。群れのリーダーであるオスが交代するときに、子殺しが起きることで知られる。[提供：Sciense Photo Library/PPS通信社]

いうよりむしろ、後天的な社会的条件によってもたらされると論じています。

さらに、生物学的な説明を「戦争は致し方ない」と戦争を肯定する考えに結びつけることを許す根拠など、どこにもありません。せいぜい、「ヒトは戦いを好むように進化し、戦いの本能をもっているかもしれないから、戦争をしないように細心の注意が必要だ」といった解釈がやっとのはずです。

現に多くの生物学者、人文・社会学者が、ウィルソンが論じた社会生物学は姿を変えた社会ダーウィニズムだと警戒しました。こうして多くの人たちを巻き込んだ社会生物学を巡るさまざまな意見の対立は、〝社会生物学論争〟と呼ばれ、とても有名になりました。ですから、多くの人からウィルソンは「社会生物学論争を巻き起こした人」と認識されていると思います。

正義は進化により獲得された?

ここまで見てきたように、ウィルソンの自然選択一辺倒の主張には注意が必要ですが、同時に彼の仮説は興味深いものでもあります。正義を例に考えてみましょう。

先に議論したとおり、正義の一部は親から子へと、はたまた社会の構成員のあいだで教育と学習により伝えられていると考えられます。一方で、遺伝により親から子へ伝わっている部分もありそうです。ウィルソンは、後者のプロセスを重視しました。つまり、ヒトにいたる進化の過程のどこかで、自然選択により正義が獲得され、遺伝的に受け継がれてきた形質だと考えたのです。もちろん、正義という形質を決定する遺伝子が見つかったわけではありません。しかし、先に紹介したような、ヒトが生まれながらにして正義にしたがうことを示唆する研究例は、正義が遺伝することを支持する例と言えるでしょう。
少し話がそれますが、キリンが長い首をもつ理由は進化理論によりどのように説明できるでしょうか（進化理論については第3章でくわしく説明したので、そちらも参考にしてください）。生物学者はキリンが長い首をもつことを自然選択と結びつけて、次のように説明します。

キリン（の祖先）の首の長さには個体差があった。このうち、長い首をもつ個体のほうが、ほかの個体が届かない高さの枝についた葉を食べることができるので、その生息環境では生存競争に有利となり、自然選択を受ける。自然選択を受けたキリンの長い首という形質は、遺伝により子に引き継がれる。この自然選択と遺伝が数百から数千世代にもわたりくり返されることにより、ついにはキリンの長い首は遺伝的に固定された。

要するに、生物学者は、キリンの長い首がキリンの生存競争上有利である（あった）と理解しているのです。
正義と自然選択を結びつけて考えるということは、次のように、ヒトの正義という形質もキリンの長い首と同じように生存競争の末に固定された、と考えることを意味します。

かつては、正義をもつ祖先ともたない祖先が共存していた時代があり、彼らが生存競争に晒されていた。そして、前者がその競争ではすこしだけ有利だった。正義をもつ祖先のほうが生き延びやすく、より多くの子孫を残しやすかったため、正義という形質が子孫にひろがっていった。そしてその結果、ヒトが普遍的に正義をもつようになった。

もしこのシナリオが成り立つとすれば、正義が適応的な価値をもつことになります。適応的な価値というのは、その形質をもった個体のほうがもたない個体よりも生存競争を勝ち残りやすい、つまり、生存し、子を残しやすいことを意味します。なぜ、どんな状況で正義が有利となり、正義が自然選択されたか、その詳細はあとで考えましょう。しかし、どのような理由や条件であったとしても、正義が自然選択で固定されたものならば、それは適応的であり、生存競争において有利に働くという結論に達します。
この結論は、私たちの行動への強いメッセージになります。つまり、「正義にしたがい行動しなさい。さもなければ、あなた自身が生き残れないかもしれませんよ」というメッセージです。

正義はヒトにとって有利な形質なのか?

正義はどのような状況で有利になるのでしょうか? この点に関しても議論が進められていま す。自然選択と聞くと、とかく捕食者や食料、気候などの外部環境に対して、生物が適応してい くプロセスを想像しがちです。しかし、正義をふくめたヒトの精神活動に関する進化は、物理的 な外部環境よりもむしろ、ヒト自身がつくり出した文化に適応するプロセスであると考えられて います。とくに正義という行動規範は、おもにヒトとヒトとの関係の中で意味をもつでしょう。

たとえば、先に紹介した「困っている人を助ける」という正義の芽生えとも考えられる行動規 範は、ヒトが社会生活を送るうえで重要です。

ヒトは高度な社会を築く生き物です。そして、社会の構成員が協働することで、個人で生活す るよりもずっと高い食糧生産力を実現しています。つまり、個人で生活する場合と比べて、社会 で協働して生活するほうが、より多くの人がより安定的な生活を送ることができるのです。

さて、いったんこうした社会が築かれると、その構成員は生きていくために相互に依存しあう ようになります。協働できなければ高い食糧生産が見込めず、社会を維持できないからです。い わば、社会の構成員の生命は互いの協働にかかっているということです。すると、協働できない 個人は社会にとどまりにくくなっていくでしょう。そして、社会から離れてしまうと、食べ物に 困るような生活を送る危険性が高まるかもしれません。

つまり、人間社会では、他者とうまく協働できるかどうかが生存競争を勝ち抜くためのカギになるのです。こうして、他者とうまく協働できる個人は、そうでない個人に比べ自然選択において有利になると考えられます。

困っている人を助けるという正義は、こうした社会的・文化的な自然選択により選抜された遺伝的形質なのかもしれません。社会での協働ができるようになるためには、「困っているあなたを助けましょう（代わりに、私が困ったら助けてください）」という感覚をもつことが大切なことは、容易に想像することができます。

以上のように、ヒトがつくり出した高度な社会と、その中での協働という文化に適応するように進化した結果、正義が身についたと考えられます。

正義を理由にした生物多様性保全は妥当か？

さて、もう一歩踏み込んで、正義を生き物の保全と結びつけて考えてみましょう。そうすると、先ほど示した、「正義にしたがい行動しなさい。さもなければ、あなた自身が生き残れないかもしれませんよ」というメッセージは、「正義にしたがい、ヒトだけでなくあらゆる命を尊重しなさい。さもなければ、あなた自身が生き残れないかもしれませんよ」と読み変えることができるでしょう。つまり、生命中心主義の考えは、人間中心主義にも通じるということです。

本書ではここまで、「ヒトとして当たり前だ」とか「それが正義だから」といった理由で、種差別の撤廃や生物多様性の保全を主張してきました。しかし、その理由により本当に生物多様性保全が進められるかは、不安の残るところです。ヒトという生き物は、ほかのあらゆる生き物と同じように、利己的です。ヒトが自分に利益をもたらしそうにない行為をわざわざ選択することなど、とうてい期待できません。

そう考えると、もっとも効果的な生物多様性保全方策は、保全の実施とその結果をヒトの利益と結びつけることになります。この意味では、ヒトの生存と生物多様性保全を結びつけることがもっとも有効な方策となることでしょう。なぜならば、ヒトの生命を守ることは、ヒトにとってこれ以上ない利益なのですから。

とはいえ、たとえ正義がヒトにとって適応的であったとしても、それはあくまで人間社会の中にかぎったことかもしれません。だとすれば、「正義にしたがいあらゆる命を尊重しなさい」という主張が妥当なのか、疑問が残ります。この点について考察を深めたのもウィルソンです。次項では、生物多様性保全の適応的価値を導く、彼のバイオフィリア仮説を紹介しましょう。

バイオフィリア仮説

少し唐突ですが、あなたの親しい人が病気になり入院してしまった、という切ない状況を想像してみてください。あなたはその人のお見舞いに行くことにしました。そんなとき、手土産を持参することが多いと思います。入院見舞いの手土産としては、花束を選ぶことが多いのではないでしょうか（もちろん、お菓子や果物を選ぶ人も多いと思いますが、花束設定につきあってください）。ウィルソンは日常によくあるこの場面に対して、素朴な疑問をもちました。すなわち、「なぜ花束なのか？」と（設定がそうだったからと意地悪に考えないでください。花束がなぜ贈り物になりえるのか、という疑問です）。

答えは単純です。それは、花束がヒトにとっていいものだからです。花束をもらった相手は、もしかすると、「お菓子のほうがよかったな」と思うかもしれませんが、「花束を持ち込むとは不届きな！」などと嫌悪感を示すことはまずないでしょう。ふつう、「よいもの」として花束をありがたく受け入れます。ではなぜ、ヒトは花束をもらうと喜ぶのでしょうか？　なぜヒトは、花束をよいものだと思い、忌避すべきものとは思わないのでしょうか？　これがウィルソンの疑問です。

そしてウィルソンは、ヒトには元来、ほかの生物に対して関心と好意を抱く性質——バイオフィリア——が備わっているからだと考えました。都市の中に公園を設置したり、自然を残したりすることも、バイオフィリアの表れの一例といえるでしょう。休日に都会の喧騒を離れ、山や海へ自然を愛でに行く人もいると思います。もしかすると、バイオフィリアがそうさせているのかもしれません。

その考えが正しいとすれば、ヒトはなぜバイオフィリアをもつのでしょうか？　ウィルソンは再び進化理論を用いた説明を試みました。すなわち、バイオフィリアを自然選択と結びつけ、遺伝的に固定された形質と考えたのです。つまり、ほかの生物に興味、関心を抱いた者が生存競争に有利となり、ほかの生物に好意を抱き、その近くに身を置いた者が自然選択されたと考えたのです。

第2章で紹介したとおり、ヒトは数万年以上のあいだ、自然の中に身を置き、生き物の恵みに支えられる生活を送ってきました。バイオフィリアはこのあいだに培われたと、ウィルソンは考えました。たしかに生き物の恵みに支えられている生活では、生物多様性に興味をもった者のほうが、より多様な、より多くの生き物の恵みを享受することができたはずです。きっと、生物多様性に敬意を払い、これを保全しようとした者のほうが、そうでない者より安定した生活を送れたことでしょう。

この理屈が正しいのならば、ヒトの生存にとって生物多様性が重要であることになります。これがバイオフィリア仮説です。

このように考えたうえでウィルソンは、「生物種が絶滅へと向かうのを放置するのは、考えられるかぎり最悪のギャンブルである」と述べています。なぜならば、もしバイオフィリア仮説が正しければ、人類は自分たちの命を守るうえで途方もなく重要な生物多様性を、自ら手放していることになるのですから。

以上は、生物多様性の保全は人の究極的な利益につながるという考えです。ということは、バイオフィリア仮説を根拠にした保全も、結局は第4章で考えた〈役に立つから守る論〉に通じるということになります。ただし、両者には明白なちがいもあります。〈役に立つから守る論〉は保全の対象が役に立っている種に限定されますが、正義を理由にした保全は、どの種がどのようにヒトの生命を支えてくれているのかわからないので、あまねくすべての種が対象となるのです。

もっとも安全な選択肢

もちろん、何度もいいますが、正義が自然選択で定着したかどうかは、はっきりとはわかっていません。正義の遺伝的進化説はひとつの解釈にすぎず、仮説のひとつです。加えて、たとえ正義に適応的な価値があったとしても、ヒト以外の生命まで尊重することに適応的な価値が発生するかもわかりません。さらに、自然から離れて生活しはじめた現代人にとっても、バイオフィリアが適応的な価値をもっているかも不明です。正義の遺伝的進化説やバイオフィリア仮説を正しいと考えるのは、科学者として楽観的すぎるのは確かです。

しかし、もしバイオフィリア仮説が正しいこと（＝生物多様性がヒトの生存に重要であること）が将来判明したとしましょう。そして、そのときにはすでに、ほとんどの生物多様性が地球から消えていたとしましょう。私たちには生物多様性をつくり出す能力はありません。ですからこの場合、ヒトは自分の生存も保証できないような、壊滅的な結果を迎えざるをえなくなります。人類の将来を悲観的に考えるのならば、あらゆる選択肢の中でいちばん安全なのは、ウィルソンが主張したように、生物多様性を保全することだと私は信じています。

もしかすると、この結論について、科学的な根拠が弱く、私の信念を述べているだけだと残念に思った人がいるかもしれません。たしかに現時点では私の主張は、批判を受け入れなければならないほど弱いかもしれません。
また、この結論を支える強い科学的根拠を得るためには、まだまだ時間がかかることも確実です。そのあいだ、何もせずに生物多様性が失われていくのをただ見守るのではなく、根拠が多少弱いとしても、正義を理由に生物多様性保全を進めるほうがずっと安全だし、なにより人間らしいというのが、私の主張です。

天然痘ウイルスを守る理由

序章で考えた〈トキ・パンダ問題〉を思い出してみましょう。それは、

トキ・パンダ問題

トキ、パンダ、ライオン、……多くの生き物が絶滅しかけています。私たちは彼らを絶滅から守るべきでしょうか？　それとも特別なことをする必要はない（絶滅は、しかたがない）のでしょうか？　どちらかを、理由とともに選んでください。

というものでした。本書で伝えたかったことは、この問いに対し、「絶滅から守るべきだ」と答えることがふさわしく（第1・2・3章）、そう答える理由は、「命の重さを考えれば、ヒトとして当

たり前だ」であるべきだ（第4・5章）ということです。

しかし、すべての生き物が保全の対象だと主張したとしても、生き物の中には困った存在がいるのも確かです。ウイルスや病原菌などの、人類に病気をもたらす生き物はその最たる例でしょう（ウイルスが生物かどうかの議論が続いていますが、本書では生物として扱います）。「すべての生き物を保全すべきだ。それが人の使命だ」と主張する人に対して、「ヒトに対して明らかに悪影響をもつ生き物まで保全するの？　あなたはこうした生き物を守るために、私たちは進んで病気になるべきだと主張するの？」と質問をぶつければ、いっきに攻守が入れ替わってしまいます。当たり前ですが、私だって進んで病原菌や病気を媒介する生き物と触れ合うつもりはありません。

じつは、この議論と関連した興味深い事実があります。天然痘の撲滅です。

天然痘ウイルスを病原体とする天然痘は非常に高い感染力をもち、かつ、感染者の二〇パーセント以上が死亡するという高い致死率を誇っていました。人類は天然痘の撲滅を目指し研究をおこない、そのかいあって天然痘ワクチンの開発に成功しました。そしてこのワクチンの接種により、一九八〇年五月八日、地球上から天然痘が撲滅されました。

このとき、地上から消え失せたはずの天然痘ウイルスですが、じつはいまでも厳しい監視の下で継代培養されています。一度は、保管されているすべての天然痘ウイルスを破棄することが国際的に合意されましたが、その実施にはいたらなかったのです。理由はいくつもあります。

たとえば、天然痘ウイルスの将来的な利用の可能性です。天然痘ウイルスが将来、ほかの病気と闘う際に役に立つ可能性があり、研究する価値があると考えられました。

一方でべつの理由もありました。人間に有害であるという理由だけで差別し、絶滅させてもかまわないとする論理的根拠はない、という考え方です。つまり、天然痘ウイルスという人類にとって明らかに不都合な存在でも保全の対象となるという意見で、実際に生物学者、デービッド・エレンフェルトらにより主張されました。

天然痘ウイルスはいまでも継代培養されていますが、その理由のひとつが、〝命の重さ〟なのです。

おわりに　答えよりも理由にこだわる

〈トキ・パンダ問題〉に対して、自分なりのしっかりとした答えを見つけることができましたか？
本書で私が訴えたかった、生物を保全する本質的な理由をここで改めて示します。

生物を保全する本質的な理由

ヒトかヒト以外かを分け隔てることなく、すべての命を尊重すべきである。

これはつまり、ヒトがヒトを殺すことを許さないように、ヒト以外の生き物の命も尊重すべきであるという考えです。この考えを認めれば、生き物を絶滅に追いやるような行為はなされないはずです。

自己矛盾

しかし、この考えをつきつめていくと、自己矛盾に陥るのではないかと危惧する人もいるでしょう。なぜならば、私たちは日常的に動物たちの命を奪っているからです。私たちは動物を食料として利用しており、この過程で生き物から命を奪っています。これは紛れもない事実です。そして、動物たちの命を奪うこと抜きには、私たち自身の生命を維持することさえできません。

ヒトは、さまざまな動物を食料として利用することで生き延びるように進化してきた動物です。そのように進化したヒトがいまさら、ほかの生物をまったく食べる（殺める）ことなく生活をし続けることは、大きな困難を伴います。もちろん、動物をまったく食べない生活を送ることも不可能ではないようですし、現にそういう生活をしている人もいます（私はそうではありません）。しかし、こうした生活を誰もができるかといえば、むずかしいはずです。それに、動物性タンパク質を適度に摂取する生活のほうが、そうでない生活より、健康状態がよいことも予想されます。

進化の過程で、ヒトは「動物たちの命を奪い、肉を食べなければならない」という制約のもとで生きていくことになりました。制約にしたがい、ほかの生き物の命を奪わなければならない私たちが、すべての命を尊重すべきと主張することは矛盾には当たらないのでしょうか？

たしかに、命を奪うという結果だけを見れば、食料を得る行為も、開発により動物たちから生息地を奪う行為も同じでしょう。同じ結果をもたらすわけですから、ある場面では仕方がないと受け入れ、ある場面では否定することは節操がないように感じられるかもしれません。しかし、行為の動機や理由に注目すれば、何をおこなってよくて、何がいけないことなのか、首尾一貫した説明が可能なはずです。

命を奪う理由

まずは、食料を得るために命を奪う行為を考えてみましょう。この行為の理由は、ほかの動物の肉を食べなければ生きられないという制約の中で、自分が生き延びるためということになります。そして、この理由ならば、必要最小限の殺生は許されると考えても違和感はないはずです（さもなければ、私たちが生きていけません）。そして、私は食料を得るための殺生さえ慎むべき、とまで主張するつもりはありません。

私の主張は、食料のための殺生をそれ以外の理由による殺生とははっきりと区別し、後者を慎むべきだ、ということになります。つまり重要なのは、動物の命を奪う・奪わないという結果ではなく、その行為の理由なのです。そして、そうすることで、結果重視の考え方が生む自己矛盾を解消することができるはずです。

もちろんこう考えたとしても、グレーな問題が残ることは確かです。人々の生業を脅かす害獣の駆除は許されるのか？　生態系内である動物が増えすぎ、ほかの生命の脅威となっている場合、駆除は許されるのか？　簡単には答えが見つかりそうにない問題例をいくつでも挙げることができます。

そういった場合も、簡単に答えが見つからないからといって、答えを探すことをあきらめてはいけません。しっかりと考えていけば、自分なりの納得のいく考えにたどり着けるはずです。それに、あなたが対峙している問題や類題を過去に真剣に考え、すでに答えを見つけた人がいるかもしれません。本書で紹介した、シンガーやレオポルドは、そういった先人たちの一人で、自説をつくりだした〝巨人〟です。こうした〝巨人の肩の上〟に乗れば、きっと驚くほど遠くまで見渡せるはずです。

現在、地球は六番目の大量絶滅期に突入しています。一〇〇万種以上の動植物が、ヒトのせいで絶滅の淵にまで追いやられているのです。生物多様性を保全するためには、一〇〇万種の絶滅危惧種が、本当に絶滅してしまう前に行動を起こす必要があります。このぎりぎりのタイミングで、本書が生物多様性保全を考えるきっかけとなったことを期待して、終わりにしたいと思います。

末筆になりましたが、講談社サイエンティフィクの渡邉拓さんに編集を担当していただきました。また、渡邉光さんに表紙や扉のイラストを、カモシタハヤトさんに本文のイラストを描いていただきました。装丁は桐畑恭子さんに手がけていただきました。この場を借りて心から謝意を表します。

はじめに

⇨ IPBES (2019). *Global Assessment Report on Biodiversity and Ecosystem Services of the Intergovernmental Science-Policy Platform on Biodiversity and Ecosystem Services.* Brondizio, E.S. et al. eds. IPBES secretariat, Bonn, Germany.
⇨ Tollefson, J. (2019). "Humans are driving one million species to extinction." *Nature* 569, 171.
⇨ 河合雅雄 植原和郎 編 (1995).『動物と文明』朝倉書店.

序 章

⇨ ウィルソン, エドワード・O. | 大貫昌子+牧野俊一 訳 (1995).『生命の多様性 1』岩波書店.〔原著：Wilson, E.O. (1992). *The Diversity of Life.* Harvard University Press.〕

第1章

⇨ Barnosky, A.D. et al. (2011). "Has the Earth's sixth mass extinction already arrived?." *Nature* 471, 51-57.
⇨ Ceballos, G. et al. (2015). "Accelerated modern human-induced species losses：Entering the sixth mass extinction." *Science Advances* 1, e1400253.
⇨ Erwin, T.L. (1982). "Tropical forests：Their richness in Coleoptera and other arthropod species." *The Coleopterists Bulletin* 36, 74-75.
⇨ Foote, M. et al. (2007). "Rise and fall of species occupancy in Cenozoic fossil mollusks." *Science* 318, 1131-1134.
⇨ 丸岡照幸 (2010).『96%の大絶滅──地球史におきた環境大変動』技術評論社.
⇨ Mora, C. et al. (2011). "How many species are there on Earth and in the ocean?." *PLoS Biology* 9, e1001127.
⇨ Prothero, D.R. (2014). "Species longevity in North American fossil mammals." *Integrative Zoology* 9, 383-393.
⇨ Rampino, M.R. et al. (2000). "Tempo of the end-Permian event：High-resolution cyclostratigraphy at the Permian-Triassic boundary." *Geology* 28, 643-646.
⇨ ラウプ, デイヴィッド・M | 渡辺政隆 訳 (1996).『大絶滅──遺伝子が悪いのか運が悪いのか?』平河出版社.〔原著：Raup, D.M. (1991). *Extinction：Bad Genes or Bad Luck?.* WW Norton & Company.〕
⇨ ラウプ, D.M.+スタンレー, S.M. | 花井哲郎ほか 訳 (1985).『古生物学の基礎』どうぶつ社.〔原著：Raup, D.M. and Stanley, S.M. (1978). *Principles of Paleontology.* WH Freeman and Company.〕
⇨ Sepkoski, J.J. (1984). "A kinetic model of Phanerozoic taxonomic diversity. III. Post-Paleozoic families and mass extinction." *Paleobiology* 10, 246-267.

第2章

⇨ Brown, W.M. (1980). "Polymorphism of mitochondrial DNA of humans as revealed by restriction endonuclease analysis." *Proceedings of the National Academy of Sciences* 77, 3605-3609.

⇨ Cann, R.L. et al. (1987). “Mitochondrial DNA and human evolution.” *Nature* 325, 699-711.
⇨ Dansgaard, W. et al. (1993). “Evidence for general instability of past climate from a 250-kyr ice-core record.” *Nature* 364, 218-220.
⇨ Gronau, I. et al. (2011). “Bayesian inference of ancient human demography from individual genome sequences.” *Nature Genetics* 43, 1031-1034.
⇨ Krause, J. et al. (2007). “The derived FOXP2 variant of modern humans was shared with Neandertals.” *Current Biology* 17, 1908-1912.
⇨ Lai, C.S.L. et al. (2001). “A forkhead-domain gene is mutated in a severe speech and language disorder.” *Nature* 413, 519-523.
⇨ McEvedy, C. and Jones, R. (1978). *Atlas of World Population History.* Penguin Books.
⇨ North Greenland Ice Core Project members (2004). “High-resolution record of Northern Hemisphere climate extending into the last interglacial period.” *Nature* 431, 147-151.
⇨ Martin, P.S. and Klein, R.G. eds. (1984). *Quaternary Extinctions : A Prehistoric Revolution.* University of Arizona Press.
⇨ Seyfarth, R.M. et al. (1980). “Monkey responses to three different alarm calls : evidence of predator classification and semantic communication.” *Science* 210, 801-803.
⇨ ダイアモンド, ジャレド | 倉骨彰 訳 (2000).『銃・病原菌・鉄――一万三〇〇〇年にわたる人類史の謎 (上・下)』草思社. 〔原著 : Diamond, J. (1997). *Guns, Germs, and Steel : the Fates of Human Societies.* WW Norton & Company.〕
⇨ エイビス, ジョン・C. | 西田睦+武藤文人 監訳 (2008).『生物系統地理学――種の進化を探る』東京大学出版会. 〔原著 : Avise, J.C. (2000). *Phylogeography The History and Formation of Species.* Harvard University Press.〕
⇨ マクニール, J.R. | 海津正倫 + 溝口常俊 監訳 (2011).『20世紀環境史』名古屋大学出版会. 〔原著 : McNeil, J.R. (2000). *Something New under the Sun : An Environmental History of the Twentieth-century World.* WW Norton & Company.〕
⇨ 湯本貴和 編 (2011).『環境史とは何か (シリーズ日本列島の三万五千年――人と自然の環境史 1)』文一総合出版.
⇨ ハラリ, ユヴァル・ノア | 柴田裕之 訳 (2016).『サピエンス全史――文明の構造と人類の幸福 (上・下)』河出書房新社. 〔英語版 : Harari, Y.N. (2015). *Sapiens : A Brief History of Humankind.* Vintage Publishing. ただし、英語版は 2011 年に出版されたヘブライ語版を翻訳したもの。〕
⇨ Wroe, S. et al. (2004). “Megafaunal extinction in the late Quaternary and the global overkill hypothesis.” *Alcheringa* 28, 291-331.

第3章

⇨ Caughley, G. and Gunn, A. (1996). *Conservation Biology in Theory and Practice.* Blackwell Science, Massachusetts.
⇨ MacLulich, D.A. (1937). *Fluctuations in the numbers of the varying hare (Lepus*

americanus). University of Toronto Press.
⇨ Huffaker, C. (1958). “Experimental studies on predation : Dispersion factors and predator-prey oscillations.” *Hilgardia* 27, 343-383.

第4章

⇨ Feinberg, J. (1977). “The rights of animals and unborn generations.” In William, B.T. ed. *Philosophy & Environmental Crisis.* University of Georgia Press, pp.43-68.
⇨ ヨナス, ハンス｜加藤尚武 監訳 (2000).『責任という原理──科学技術文明のための倫理学の試み』東信堂. (2010年に東進堂から新装版が刊行)〔原著 : Jonas, H. (1979). *Das Prinzip Verantwortung : Versuch einer Ethik für die technologishe Zivilisation.* Insel Verlag Frankfurt am Main.〕
⇨ シュレーダー=フレチェット 編｜京都生命倫理研究会 訳 (1993).『環境の倫理 上』晃洋書房.〔原著 : Shrader-Frechette, K.S. (1991). *Environmental Ethics, second edition.* The Boxwood Press.〕
⇨ ウィルソン, エドワード・O.｜大貫昌子+牧野俊一 訳 (1995).『生命の多様性 2』岩波書店.〔原著 : Wilson, E.・O. (1992). *The Diversity of Life.* Harvard University Press.〕

第5章

⇨ レオポルド, アルド｜新島義昭 訳 (1997).『野生のうたが聞こえる (講談社学術文庫)』講談社.〔原著 : Leopold, A. (1949). *A Sand County Almanac : And Sketches Here and There.* Oxford University Press.〕
⇨ ウィルソン, エドワード・O.｜岸由二 訳 (1980).『人間の本性について 新装版』思索社.〔原著 : Wilson, E.O. (1978). *On Human Nature.* Harvard University Press.〕
⇨ ウィルソン, エドワード・O.｜伊藤嘉昭 監修｜坂上昭一ほか 訳 (1999).『社会生物学 (合本版)』新思索社.〔原著 : Wilson, E.O. (1975). *Sociobiology : The New Synthesis.* Harvard University Press.〕
⇨ ウィルソン, エドワード・O.｜狩野秀之 訳 (2008).『バイオフィリア──人間と生物の絆 (ちくま学芸文庫)』筑摩書房.〔原著 : Wilson, E.O. (1984). *Biophilia.* Harvard University Press.〕
⇨ Ferguson, R.B. (2018). “War may not be in our nature after all : Why we fight?”. *Scientific American* 319, 76-81.
⇨ Green, R.E. et al. (2010). “A draft sequence of the Neandertal genome.” *Science* 328, 710-722.
⇨ Hamlin, J.K. et al. (2007). “Social evaluation by preverbal infants.” *Nature* 450, 557-559.
⇨ キャリコット, ジョン｜千葉香代子 訳 (1995). 動物解放論争──三極対立構造. 小原秀雄 監修『環境思想の系譜 3 環境思想の多様な展開』東海大学出版 pp.59-80.
⇨ ローレンツ, コンラート｜日高敏隆 久保和彦 訳 (1985).『攻撃──悪の自然誌』みすず書房.〔原著 : Lorenz, K. (1963). *Das sogenannte Böse : zur Naturgeschichte der Aggression.* G. Borotha-Schoeler.〕

⇨ MacArthur, R.H. and Wilson, E.O. (1967). *The Theory of Island Biogeography.* Princeton University Press.
⇨ Marler, P. (1970). "A comparative approach to vocal learning：Song development in white-crowned sparrows." *Journal of Comparative and Physiological Psychology* 71, 1-25.
⇨ Marler, P. and Peters, S. (1981). "Sparrows learn adult song and more from memory." *Science* 213, 780-782.
⇨ トマセロ, マイケル｜大堀壽夫ほか 訳 (2006).『心とことばの起源を探る――文化と認知』勁草書房.〔原著：Tomasello, M. (1999). *The Cultural Origins of Human Cognition.* Harvard University Press.〕
⇨ フーコー, ミシュル｜田村俶 訳 (1975).『狂気の歴史――古典主義時代における』新潮社.〔原著：Foucault, M. (1972). *Histoire De La Folie à L'âge Classique.* Gallimard.〕
⇨ カナザワ, サトシ｜金井啓太 訳 (2015).『知能のパラドックス――なぜ知的な人は「不自然」なことをするのか?』PHP 研究所.〔原著：Kanazawa, S. (2012). *The Intelligence Paradx：Why the Intelligent Choice Isn't Always the Smart One.* Wiley.〕
⇨ シンガー, ピーター｜戸田清 訳 (2011).『動物の解放 改訂版』人文書院.〔原著：Singer, P. (2009). *Animal Liberation：A New Ethics for Our Treatment of Animals, Fourth edition.* HarperCollins.〕
⇨ ドーキンス, リチャード｜垂水雄二 訳 (1995).『遺伝子の川』草思社. (2014 年に文庫版が出版)〔原著：Dawkins, R. (1994). *The River Out of Eden.* Basic Books.〕
⇨ ドーキンス, リチャード｜日高敏隆ほか 訳 (2006).『利己的な遺伝子 増補新装版』紀伊国屋書店.〔原著：Dawkins, R. (1990). *The Selfish Gene, Third edition.* Oxford University Press.〕
⇨ レウォンティン , リチャード｜川口啓明 菊地昌子 訳 (1998).『遺伝子という神話』大月書店.〔原著：Lewontin, R.C. (1991). *Biology as Ideology：The Doctrine of DNA.* Anansi.〕
⇨ ナッシュ, ロデリック｜松野弘 訳 (1990).『自然の権利――環境倫理の文明史』TBS ブリタニカ.〔原著：Nash, R. (1989). *The Rights of Nature：A History of Environmental Ethics.* University of Wisconsin Press.〕
⇨ Nagel, T. (1974). "What is it like to be a bat?." *The Philosophical Review* 83, 435-450.〔この論文は書籍 Nagel, T. (1979). *Mortal Questions.* Cambridge University Press にも収録された。書籍の邦訳：ネーゲル, トマス｜永井均 訳 (1989).『コウモリであるとはどのようなことか?』勁草書房.〕
⇨ ブレイスウェイト, ヴィクトリア｜高橋洋 訳 (2012).『魚は痛みを感じるか?』紀伊国屋書店.〔原著：Braithwaite, V. (2010). *Do fish Feel Pain?.* Oxford University Press.〕
⇨ Warneken, F. and Tomasello, M. (2006). "Altruistic helping in human infants and young chimpanzees." *Science* 311, 1301-1303.
⇨ 山田俊弘 (2018).『絵でわかる進化のしくみ――種の誕生と消滅』講談社.

ま

や

ら

た

な

は

索　引

著者紹介

山田《やまだ》 俊弘《としひろ》 博士（理学）
1969年生まれ。広島大学大学院統合生命科学研究科教授。幼いころからの生き物好きが高じて、研究の道へ。多様な生き物たちの生態を調べるため、熱帯林を訪れること多数。現在の研究テーマは生物多様性、熱帯林保護。2015年、日本生態学会大島賞、2019年、広島大学教育賞受賞。著書に『温暖化対策で熱帯林は救えるか』（分担執筆）、『論文を書くための科学の手順』（いずれも文一総合出版）、『絵でわかる進化のしくみ』（講談社）がある。

〈正義《せいぎ》〉の生物学《せいぶつがく》
トキやパンダを絶滅《ぜつめつ》から守《まも》るべきか
■二〇二〇年六月二四日 第一刷発行
二〇二二年一月二七日 第四刷発行
■著者――山田俊弘《やまだとしひろ》
■発行者――髙橋明男
■発行所――株式会社講談社
東京都文京区音羽二―一二―二一
郵便番号一一二―八〇〇一
販 売 〇三―五三九五―四四一五
業 務 〇三―五三九五―三六一五
■編集――株式会社講談社サイエンティフィク
代表 堀越俊一
東京都新宿区神楽坂二―一四 ノービィビル
郵便番号一六二―〇八二五
編 集 〇三―三二三五―三七〇一
■本文データ制作――美研プリンティング株式会社
■印刷所――株式会社平河工業社
■製本所――株式会社国宝社

ISBN978-4-06-519090-6 NDC468 270p 19cm

KODANSHA